地圖上消失的51區

美國機密與外星人真相大解碼

外星人研究家　江晃榮

Part 1

最神祕的美國禁區隱藏了什麼祕密？

Part 2

揭開五十一區的神祕面紗

Part 3

「羅斯威爾」飛碟事件簿

Part 4

美國與外星人的合作協定

Part 5

火星移民計畫

Part 6

外星人綁架地球人

Part 7 飛碟綁架事件科學追蹤

Knowledge base

自序
探索外星人，科學會說話

很多人以為外星人的探索是偽科學或巫毒科學，其實不然。今天所稱科學則是指自十六世紀以來，以其客觀性著稱的「新科學」，科學研究是有時空限制，而且是狹隘的，只在框架中進行推演，自圓其說，也就是以有限知識企圖解釋所有宇宙現象，但這是不可能的。另一方面由於近三百年來科學的突飛猛進，為人類帶來福址，所以很多人相信科學，但科學並非萬能，而且錯誤判斷也很多。舉例說明：

火星衛星的發現

火星兩顆小衛星是在十九世紀七十年代發現的，可是在之前的一百五十年前，英國諷刺作家喬納森・斯威夫特（Jonathan Swift）以筆名執筆之小說《格列佛遊記》（*Gulliver's Travels*）中，書中主角除了到過大、小人國之外，也到過一個叫拉普塔的國度。當地天文學家告訴他說，火星有兩顆衛星，與火星距離分別是火星半徑的三倍及五倍，繞火星公轉周期是十小時及二十一・五小時，近代科學發現的火星衛星與火星距離分別是火星半徑的二・八倍及六・九倍，繞火星公轉周期是七・六五小時及三十・三小時；兩者差異很小，科幻小說家如何比科學家早一百多年得知這些數據？學院派科學家為何不用現代科學理論做合理解釋呢？

原子不生不滅論？

在正常情況下原子似乎是不生不滅的，近代家畜飼養技術發展前，牛是吃草及喝水的。草的主成分是碳水化合物？所以進入牛體內的元素是以碳、氫及氧為主，但牛肉及牛乳中却是含氮量高的蛋白質，牛不可能將空氣中氮氣行固氮，那麼氮原子如何無中生有呢？

恐龍與人類曾共存嗎？演化論是不變真理？

馬雅出土的古文明遺跡中有許多土偶造型是恐龍，但卻有人類騎在背，伊卡黑石（Ica stone）也有同一情況。美國德州一河谷還旁發現人類與三角恐龍並存的腳印遺跡，而人類認識遠古時代曾有恐龍這種生物存在不過百年，如何解釋呢？

所以面對外星人的問題，大家要以寬廣心胸接納，畢竟這是科學探索，而不是傳說或神話。

台灣嘉明湖外星人現蹤

台灣在近年來發生了轟動全球的「嘉明湖外星人」事件，嘉明湖海拔三三六二公尺，是一個隕石坑。因為湛藍的湖水清澈見底，又被稱做天使的眼淚，一直以來都相當神秘。二〇一一年五月六日一名國家公園警察與同事休假時，攀登嘉明湖，當時以iPhone4手機拍攝風景照，拍照時沒有察覺到任何異狀，直到下山後重看手機，才發

現拍到了奇怪的人形，山脊線上清楚拍到一個人影，大大的頭，彷彿正回頭看著拍攝者，雙手雙腳似乎長了蹼，很像著者在本書中所提到蜥蜴外星人。

根據拍攝者的位置計算，這個未知的生物至少超過二五〇公分，它到底是什麼，可能是外星人、或是靈體，無意間在嘉明湖拍到的這張照片，被認為可能拍到外星人，令人不解的是，外星生物下方竟出現殘影。

但有人質疑造假，這是因為拍攝者開啟了iPhone4的其中一項攝影功能HDR（高動態範圍）後，因目標移動所產生的疊影，手上的蹼為手揮動時留下的疊影，但拍攝的員警表示當時無人經過，他單純是拍風景所以才覺得怪異。照片後來被國安局列為機密，送到美國鑑定，二〇一六年二月公布，證實沒有經過變造。如果這張照片証實為真，代表照片中怪異生物是存在的，科學又如何解釋呢？

本書之成最要感謝的是方舟出版社全體工作同仁，作者在此致十二萬分謝意。

江晃榮

Part 1

最神祕的美國禁區隱藏了什麼祕密？

傳言五十一區是美國與外星人共同研究高科技的場所。五十一區曾出現在老地圖上，而新地圖上及google earth上卻很難找到，只有軍事資訊上才會提及五十一區。事實上，五十一區是美國政府從未承認其存在的軍事禁地，至今仍是未解之謎……

不存在地圖上的迷宮

第二次世界大戰結束後，美國政府在一九五〇年於內華達州建立核武器試驗地，而五十一區也在此時被納入其中。在軍事地圖上，試驗地被分區編號為51，「五十一區（Area 51）」因此得名。

一九五五年，美國軍方在這裏建立基地測試新型飛機，屬於「內利斯尼空軍基地靶場」的一部分。這附近人跡罕至，周圍有大城市可安頓工作人員親眷，是建立軍事基地的最佳處所，又由於此地區位於格魯姆湖床上，官方對五十一區正式稱呼為「格魯姆湖軍事設施專區」。

深藏不露的絕對機密「軍事盒」

圍繞五十一區的空中禁區是以格魯姆湖為中心，方圓為26×25哩，大約是五七五平方哩的面積，通常被軍方飛行員認為是個「盒子」。格魯姆湖邊地區從未對居民甚至是一般的軍用飛機開放過，受到雷達站和地下感測器的保護，任何的不速之客都將遭遇直升機以及地面武裝部隊的驅逐，禁止闖入這個包圍著馬夫湖的「盒子」禁區，甚至是美國空軍飛行員訓練也要詳細呈報給軍方情治單位。

一九九五年開始，美國聯邦政府將該地的管制範圍延伸至鄰近的山脈上，使得所有人肉眼能看得到的基地景觀不再看得到。要想進入五十一區，不僅需要擁有高度機密的安全層級，而且必須接到來自美國軍方最高層或情報機構特定人員的邀請，任何人在造訪該基地之前都必須進行保密宣誓，這一宣誓不僅莊嚴神聖，而且具有嚴格的法律效力。

如果得不到相關人士的邀請，即使駕駛一輛四輪驅動的汽車，穿上一雙材質一流的登山靴，以超乎常人的毅力在崇山峻嶺之間跋涉十小時以上，也難以一窺五十一區全貌。

在位於五十一區以東二十六哩左右的峰頂，以望遠鏡觀察，有時可以看到五十一區的一點動靜，但白天不適合進行觀測，因為沙漠上不斷蒸散的空氣會妨害視覺觀測，所以很難從漫天黃沙中分辨出飛機場的準確位置。夜晚才是觀測五十一區尖端技術的最佳時間。

在美國軍事史上，祕密飛機和無人駕駛機在前往世界各地執行任務前，都要在夜色的掩護下進行試飛。如果在一個伸手不見五指的夜晚登上提卡布峰，朝著黑漆漆的山谷連續觀察幾個小時，不知不覺中，五十一區機場上的燈就會突然亮了起來，一架飛機滑出停機坪，出現在微弱光線的跑道上。沒多久飛機開始起飛，而當起落架的輪子剛剛離開地面，燈光就會立刻熄滅，整個山谷重新陷入一片暗黑之中。

Knowledge base

如何以座標定位五十一區？

五十一區暱稱為水城（Watertown）、夢境（Dreamland）、天堂牧場（Paradise Ranch）：

它位於美國內華達州（Nevada State以發達的賭博業聞名全球）南部林肯郡的一個區，西北方距賭城拉斯維加斯市中心一百三十公里，海拔一千三百五十公尺（37°14'06 N 115°48' 40W/37．235° N115．81111° W）是移居（Emigrant）山谷的一部分；北方是格魯姆（Groom）山脈；南方是北美印第安人所稱的嬰幼兒（Papoose）山脈；東方是名為雜亂之丘（Jumbled Hills）的丘陵。

礦坑掩護的空軍禁區，誤闖可能喪命

五十一區在一個四面環山的盆地中，中央是格魯姆湖（又名馬夫湖Groom Lake）；它的乾燥沙地直徑長約六公里，寬五公里；還有一條世界上最長的跑道14R/32L（長七〇九三公尺），但目前處於關閉狀態，那是美國空軍內利斯基地（Nellis Air Force Range，NAFR）的一部分。

五十一區旁的亞卡台地（Yucca Flats），上方是內華達測試基地（Nevada Test Site，NTS），是美國能源部測試核武的地方，而亞卡山的核武儲存設施位於大約格魯姆湖西南方大約六十四公里處。

五十一區盆地周遭原本有礦坑，在礦坑關閉以後，主要聯外道路——格魯姆路便做了些改善。走這條路進入五十一區得先通過一個管哨站，道路向東延伸，通過幾個小牧場之後，便會和內華達的三七五號州際公路相連，公路邊豎立著標誌，寫著：「禁止拍照」、「政府可使用致命武力驅離」。

五十一區附近地區沒有出現在美國政府的地圖上，美國地質勘探局對於這一地區的立體地圖也僅僅顯示了早已被遺棄的礦坑，內華達民用航空圖標明了大片的限制飛行區域，但是居民卻把它歸於內利斯空軍基地的禁飛區。五十一區是一個未解之謎。雖然發生在該處的事情很少人知道，但是仍有不計其數的人想要一探其中的究竟。

一九六九年以前，每九架美軍飛機就有一架被蘇聯米格戰鬥機擊落，讓美軍聞風喪膽的「米格-23」也常出現在五十一區的跑道上，不禁令人充滿疑惑。

在美、蘇冷戰的高峰期，蘇聯間諜衛星曾拍到了格魯姆湖地區的照片，但憑此一資訊無法做出關鍵的結論，衛星照片內容只能看出五十一區有一些平凡的軍事基地設施、小型機場、和飛機棚，卻完全看不出有所謂地下設施的證據，之後商業衛星拍的照片顯示出該基地有所擴建，不過外表並沒有什麼改變。

高科技軍機與核武研發基地

事實上五十一區有美國赫赫有名的聯邦祕密基地，推動軍事科學和高科技的研究發展，並且始終領先其他國家。

U-2偵察機，開啟歷史扉頁

五十一區最初是用於研製U-2偵察機，但在U-2偵察機的開發工作結束後，其他

所謂的「黑色」專案也開始在這個基地實施。

U-2偵察機是一九五〇年代美國發展出的一種空軍單座單發動機的高空偵察機·可不分晝夜在七萬呎（二一．三三六公尺）高空執行全天候偵察任務。

五十一區旁格魯姆湖在二戰期間曾被用作炸彈及火炮練習場，但是之後就被廢棄直到一九五五年，當時洛克希德公司（Lockheed Corporation，是一家美國主要航空太空公司）研發團隊選格魯姆湖為即將進行實驗的U-2偵察機的理想場所。因該處乾燥的湖床用作測試祕密飛行器是理想臨時跑道，而附近山谷區的管制也使新型飛機驗能保持高度機密。

洛克希德公司在格魯姆湖建立了臨時飛行基地，並設置臨時廠房及研究室，第一架U-2飛機在一九五五年八月升空試飛，之後U-2飛機便在臨時飛行基地受中央情報局指揮，一九五六年中期開始進入前蘇聯上空偵察。

二次大戰時期五角大廈接管

二次大戰期間美國執行曼哈頓計畫（Manhattan Project），製造原子彈結束戰爭，戰後美國並沒放棄核武，反而持續進行一系列的大氣核武試爆，一九五七年前後U-2的任務經常受到核武試爆的影響而中斷，當時曾引爆超過二十四個核彈，一九五七年七月五日的引爆的輻射塵甚至擴散到格魯姆湖，使得該基地不得不暫時撤離。

當時U-2的主要任務是偵測前蘇聯領地，而前蘇聯邊境的許多國家如：土耳其和巴基斯坦附近也列入重點考察區。二〇〇二年，布希總統命令收回內華達州州政府管理五十一區的許可權，現在的五十一基地歸五角大廈和美國政府直接管轄。在U-2的開發尚未完成之前，洛克希德就已經著手進行後繼者計畫，也就是一九六〇年代中情局的牛車計畫（Oxcart project）。

此計畫欲開發的是快至三馬赫的高度偵查飛機，馬赫（Mach number）是表示速度的量詞，又叫馬赫數，一馬赫即一倍音速，馬赫數是飛行的速度和當時飛行的音速之比值，大於一表示比音速快，小於一是比音速慢。該偵查機也就是後來廣為人知的

SR-71黑鳥。第一架黑鳥原型A-12在一九六五年首度升空，格魯姆湖的設施和跑道已經因應該機種特性加長到二六〇〇公尺。

Knowledge base

隱形機前身——「黑鳥」的偵察任務

SR-71黑鳥主用於刺探北越和北韓情報的偵察機，機身呈黑色，機頭細長，呈針狀，兩翼彎曲，類似現代隱形機的雛型，速度高達每小時三千二百公里，比音速快二．二倍以上，當年曾花了短短十二分鐘便飛越了北越領空；此機可飛到二萬七千四百公尺高空，機師連地球外層也看得見。這樣的速度和高度，在冷戰時期是載人飛機之冠，A-12偵察機在冷戰時期也是美國的超級機密。中情局在一九七五年「牛車計畫」最後一項任務完成二十年後才承認曾有這一計畫。牛車計畫在研發出A-12之後也開發出所有黑鳥的主要機種，包括A-10、A-11、A-12、RS-71（後來由美國空軍參謀長改名為SR-71）。另外還有失敗的YF-12A攻擊機。

「海弗藍」計畫催生隱形戰機

美國政府證實，五十一區的確曾開發過許多高科技飛行器。一九七〇年代，美國國防部擬定了隱形戰機研發計畫，名為「海弗藍」（Have Blue），由美國軍方與洛克希德馬丁公司簽約研製輕型隱形戰機驗證機；洛克希德公司則於一九七〇年代末期製造出六架實驗機，外型類似現在的F-117A。經過不斷的測試，在通過美國空軍技術審核後，美國空軍於一九七八年與廠商簽約研製隱形戰機驗證機的實用機型，也就是後來的F-117A。

「海弗藍計畫」所開發出來的隱形戰機的原型機（也就是F-117夜鷹的前身）在一九七七年首飛。一系列高機密的原型飛機在五十一區測試，直到一九八一年中期測試終止入並開始生產F-117隱形戰機，除了飛機的測試，格魯姆湖也進行了雷達剖析（radar profiling）、F-117武器的測試，且是第一批美國空軍F-117飛行員的訓練地。之後，高度機密的F-117飛機的活動轉移至附近的托諾帕靶場（Tonopah Test Range），最後轉移至霍洛曼（Holloman）空軍基地。

Knowledge base

隱形戰機設計之秘，有兩大關鍵……

F-117A的造型非常特殊，採用機身與機翼高度整合的翼胴融合體結構，其機身呈前後削尖的飛行角錐體，全機利用全動式尾翼和機翼的兩塊副翼進行操控，機身表面採用獨特的多面體外型，可將雷達波反射偏離發射源，使敵方雷達僅能接收到微弱的雷達反射訊號，這是隱形原因之一。

機身材質方面，機體和機翼主要是用鋁合金製造，不過V型全動式尾翼是用熱塑性石墨複合材料製成，而武器艙門和起落架艙門也是複合材料製成，F-117A的表面塗有雷達波吸收塗料，並且座艙罩和感測裝備護罩都經過特殊的鍍金處理，能夠透光與雷射、紅外線，但不會穿透雷達波；這也是另一隱形原因。

F-117A服役之後，美國空軍持續針對相關項目進行改良，曾對F-117A機群進行壽命中期改良計畫，改良項目包括武器系統強化、增加隱形特性等。首先，在武器系統部分，

使F-117A能發射先進精靈武器。美國空軍自一九九九年後，已經修改五十二架F-117A中的二十四架，來配合EGBU-24雷射與INS／GPS導引的鑽地炸彈。

即使F-117飛機已經在一九八三年開始使用，格魯姆湖的軍事活動仍然不減，未正式公布，在格魯姆湖被測試過的謠傳中的飛機，包括了洛克希德的D-21「標籤板」（Tagboard，有如小號的SR-71）無人駕駛機、小型隱形垂直起降人員運輸機、隱形巡弋飛彈、還有假想的極光（aurora）超音速間諜機等。

無人機已在試飛中

有人駕駛噴氣式戰鬥機和轟炸機一直是美國軍方公開的重點專案，但無人機專案卻是近些年增長最迅速的。即便如此，美軍仍缺乏一種具備隱身能力的無人偵察機，按照計畫，美國將用「全球鷹（Global Hawk）」無人駕駛飛機，取代U-2間諜飛機。由於沒有人的存在，自動駕駛的「全球鷹」與U-2相比，具有更長的飛行時間和自支持能力，但是卻無法達到U-2的飛行高度，起飛重量的限制也使得「全球鷹」無法使用

U-2上的那種高性能相機，更不用說攜帶「干擾機」干擾敵方導彈了。

另外一些具有「隱身」能力的「無人機」很可能也在試飛中。其中，包括一些具有攻擊能力的型號。這種猜測並不是空穴來風，如：FJ33新式小型噴氣式發動機，但是已知的飛機中，沒有任何一種使用了這種發動機。英國有另外一種新型無人機，這種無人機的尺寸比臭鼬更大，使用的發動機也明顯與臭鼬不同，這種無

人機使用的是由通用電氣公司生產的J97發動機，在空中停留時間也較長。

普通飛機的滯空時間都是以小時計，而它卻能在空中停留幾天甚至幾個星期。此外，這種類似飛艇式設計，使它能很容易地搭載高靈敏度的大型雷達，如果想對微弱、雜亂的無線電信號進行定位，如：手機和衛星電話發出的信號，這種飛行器無疑是理想的平臺。

原子武器試驗場

五十一區也是核子研究及試驗場，根據美國能源部的解密檔案，一九五七年曾在五十一區週邊進行一系列原子彈爆炸測試，測試的內容包括：軍隊的反應乃至放射性碎屑對生物的影響。這次行動甚至涵蓋了「髒彈」試驗。

在此過程中，國防部和原子能委員會故意製造了一次事故——將鈽散佈到地表，以瞭解如果攜帶核武器的飛機在美國領土地上爆炸的影響。結果，大面積的污染使該區域的大部分地方不再適合人類居住。直到一九八〇年代才開始清理，核子試驗使五角大廈獲得靈感。**一九五〇年代，美國和前蘇聯啟動太空競賽之初，美國國防部就打算構建核能為動力、以太空為基地的導彈發射系統，而由外太空發射的導彈大多瞄準前蘇聯。**

美國國防部的HAARP專案最新成果顯示，神秘五十一的研究人員已經可以成功地在電離層的極光之中製造出人造極光以及電漿飛行器。

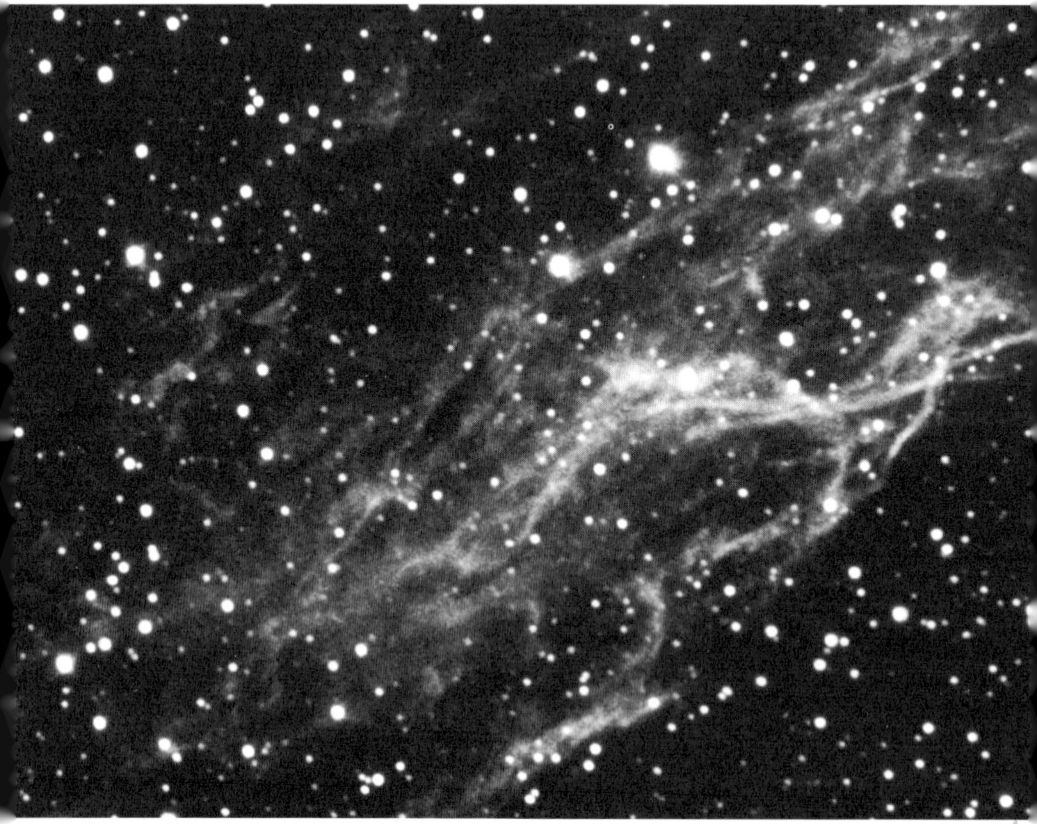

▲宇宙真的很大，地球是唯一發展出生命的星球？

Part 2

揭開五十一區的神秘面紗

美國政府從未承認過任何關於基地以及基地周圍發現神秘軍事目標的聲明，官方對種種傳言一直予以否認，並聲稱只是美軍普通空軍基地，甚至否認有五十一區存在，之後又宣稱五十一區是存在，但與外星人無關，可能不久後又將承認這是UFO基地……

檯面下活動始於原委會

據熟知五十一區開創時期內情的人士透露，一九五五年，有二位中央情報局的官員選擇五十一區周邊作為極機密的軍事基地，也就是第一架偵察機U-2的試飛地點時，此地才正式成為美國軍方祕密基地之一。

其實，在中情局選擇五十一區為理想的祕密試驗場所前，所謂的「第五十一號區域」就已經存在了四年之久。在此之前，一個不為人知的事實，就是五十一區的第一位上級主管不是中情局，而是原子能委員會。從一九五一年起，原子能委員會利用美國政府的保密制度，而且在沒有有效監督管理和道德約束的情況下，便對有關飛行器及飛行員進行了一系列引發爭議的研發和設計工作。

然而，有關飛機和飛行員的研發專案並不在原子能委員會的管轄與許可權範圍，該委員會的職責只限於核彈和原子能相關研究，僅從這一點便可以看出五十一區一開始就步入黑暗行動（dark mission）的漩渦中。

行政歸屬埋下神秘伏筆

如果把一個有重大爭議的祕密研究專案歸屬在與該專案完全無關的部門之中，那麼大概沒有人會到那個部門去進行調查相關專案的。因此，在過去的六十多年中，誰也沒有想到要從原子能委員會處著手解開五十一區之謎。

一九五五年，中央情報局進駐五十一區以後，隨之而來的還有與中央情報局合作的美國空軍執行「空中間諜（sky spy）專案」。此外，其他幾個與這項偵察機計畫有利益相關的部門，也因此獲知了五十一區的存在以及中情局與空軍在該處進行合作的消息。為了遮掩事實，美國航空太空總署（NASA）的前身——國家航空諮詢委員會，和美國軍方不得不編造故事，對外界解釋為什麼會有飛機在一個從未正式對外告知的軍事基地執行試飛工作。此外，U-2飛機在執行海外偵察任務時搜集到的照片需由「國家照片解讀中心」進行解讀，所以該中心也得知五十一區的相關資料。

由一九五五年起至一九八〇年代末二十五年期間，美國政府原有部門與其他在此一期間設立的政府機構，僅包括：國家偵察局、國家安全局和國防情報局，在保密制度的保護下，就在五十一區進行相關專案合作計畫。但當時除了聯邦政府雇員的高層人物和執行計畫者之外，很少有人可大膽確認五十一區是確實存在的，而這些人也是政府最高安全級別祕密的知情者，其他人對五十一區的說法僅止於傳言。

Knowledge base

中情局文件曝光

二〇一三年八月美國中情局公布一份《中情局與高空偵察：一九五四年到一九七四年的U-2與牛車計畫》解密文件，共四〇七頁，但部分內容已遭塗黑。這是二〇〇五年喬治華盛頓大學資深研究員李切森（Jeffrey Richelson）向當局提出解密申請，也是官方首度承認五十一區的存在與確切位置。

天堂牧場是外星人藏身處

美軍於冷戰時期研發高空偵察機U-2，一九五五年四月中情局看上位於內華達州南部，距離賭城西北方一三〇公里的「五十一區」，認為當地地形隱密，是訓練U-2駕駛與試飛的最佳場所。為了保密，所有參與研發的人員稱五十一區為「天堂牧場」（Paradise Ranch）。SR-71黑鳥偵察機、F-117A隱形戰鬥機及B-2隱形轟炸機之後都在該區進行試飛。中情局透露，這些試飛也造成一些「料想不到的後遺症」。

一九五〇年代，一般商務客機飛行高度介於三〇〇〇到六一〇〇公尺之間，但U-2的飛行高度卻在一八二八八公尺以上，部分機師在黃昏看到U-2銀色機翼所反射的太陽光，以為看見飛碟，使五十一區附近出現飛碟或外星人之說開始流傳。

中情局認為讀者不會在文件中看見「科幻小說才有的外星人或陰謀論劇情」。但自稱曾接觸過外星人的飛碟迷赫溫絲（Audrey Hewins）認為中情局是在「試水溫」，看看人們對謊言與掩蓋真相會有什麼反應。許多民眾也懷疑解密文件可能經過修改，多處遭塗黑的段落說不定就曾提到小小的綠色外星人。

Knowledge base

軍事障眼法，遮不了來自外太空的痕跡

表面看來，五十一區是一個由飛機停機坪、儲存倉庫以及跑道組成的普通試驗場。但進一步的觀察卻顯示出令人無法理解的現象，五十一區有兩條水泥空軍飛機跑道，其中一條跑道橫越貫穿湖，另一條遠離湖，另外還有兩條未準備的跑道直接建造在湖上。另一個引人注目的就是該地區南部一條長度超過三哩的跑道，跑道一端是好幾處飛機停機庫，其中幾個外形非常巨大，屋頂都被漆成白色。

還有一處值得注意的地方，就是一座空中交通管制天線，這座天線底座呈長方形，長四百呎，而天線本身高一百五十呎，所以在天氣晴朗的條件下，從十二哩外都可以看到這座天線。

以上這些關鍵點，使得這一空軍轟炸機基地，與其說是一處典型的軍事基地，不如說是如同科幻電影情節中的一個虛擬場景。全世界不明飛行物研究專家認為，五十一區的研究與宇宙外的文明有直接關係。

五十一區基地周圍經常發現一些球形，三角形以及類似圓盤形狀的不明飛行物，

有相片和一些影片證據可以證明這些觀察到的現象。鄰近五十一區小城鎮的居民，在一九八六年的夏天，都感受到地面的震動，當地居民在每個星期四早上七點鐘的時候，同時看到奇怪的不明光點，也聽到由基地傳來的奇怪聲音。但是當居民提出要投訴基地軍隊的時候，一切奇怪現象又會消失。

UFO不是傳說，路標就在馬路中

五十一區長久以來就有許多與UFO相關的傳說，包括地球人俘虜的外星人、外星飛行器、地下祕密基地及美國政府與外星人的祕密協定等。附近城鎮居民也相信這些說法。他們甚至設計各種路標警告人們，遠離外星人飛碟降落點。

許多國家的旅行社組過五十一區基地外圍的短程旅行，大家都相信——事實的真相就在那裡。UFO的愛好者，會在每年五月三十日到五十一區附近聚會，也就是被認為是外星人所建立祕密基地外的三七五號，所謂「宇宙高速公路」旁邊，討論美國政府有什麼祕密計畫。

有人認為，美國政府在格魯姆湖建起一座巨大的地下設施來進行這些活動。但又有人認為，之前在格魯姆湖進行的最高機密的工作已經在一九九〇年代轉移到猶他州的達格威試驗場了，現在格魯姆湖進行的祕密活動只不過是轉移大家目標而已。

物理學博士揭發真相

一九八九年十一月，一位物理學博士羅伯特·斯考特·勒薩或鮑勃·勒薩（Robert Scott Lazar or Bob Lazar）與一個名喬治·耐普（George Knapp）的調查記者在拉斯維加斯的《新聞直擊》節目上爆料，才終於向世人揭開了五十一區的真面目。

勒薩與李爾的相遇，開啟解密契機

在五十一區服務過的人非常多，幾十年來勒薩是唯一在公眾場合打破沈默的人。無論是科學家，保安人員，工程師還是清潔工，能夠在五十一區工作既是一種榮耀，也是一種特權。進入五十一區服務的保密宣誓是無比神聖，具法律效力，一旦違背就可能會面臨判刑的危險，因此所有人才選擇了三緘其口。但是勒薩的出現卻讓五十一區長達四十多年的神祕密面紗被解開。

Knowledge base

鮑勃・勒薩

鮑勃・勒薩於一九五九年一月二十六日出生在佛羅里達州科的柯若蓋布林斯（Coral Gables），擁有物理及電子儀器學位，曾就讀於麻省理工學院和加州理工學院。本書作者在一九九三年參加全球最大UFO研究機構MUFON的飛碟與外星人研討會並發表論文時曾與鮑勃・勒薩有一面之緣。

一九八二年六月，年僅二十歲的鮑勃．勒薩在新墨西哥州的洛斯阿拉莫斯第一次遇見愛德華泰勒，鮑勃．勒薩能夠進入五十一區，得益於匈牙利裔核子物理學家愛德華．泰勒（Edward Teller）博士的引薦。

當時勒薩正承包一家公司業務，在洛斯艾洛莫斯（Los Alamos 國家實驗室，機密研究核子武器的地點）從事放射性微粒的探測工作。有一次，泰勒將要在該實驗室的講堂進行演講，勒薩提早到會場，並且注意到泰勒正在閱讀《洛斯艾洛莫斯觀察報》。這份報紙的頭版剛好有一篇報導對勒薩和他的新發明火箭車作專題介紹，勒薩立即抓住了這個機會向泰勒自我介紹，這是一位有旺盛企圖心的年輕科學家與一個德高望重、發明大規模殺傷性武器之開山鼻祖的初次會面。

Knowledge base

愛德華．泰勒

泰勒是世界上最具威力、大規模殺傷性武器熱核彈的發明者之一，有氫彈之父稱號。泰勒曾在內華達試驗場區距離五十一區僅有數哩的山頭，多次進行氫彈試爆。

內華達試驗場是美國本土唯一一個原子彈試爆點，與五十一區也有合作計畫。此外，位於內華達該試驗場法定邊界以內的十二區、十九區和二十區也都留下了泰勒博士氫彈試爆的手筆大片的焦土、深不可測的彈坑以及遭到鈽（Plutonium，元素一種，Pu，原子序號九四）污染的地下隧道，但五十一區卻逃過氫彈試爆的危害。

六年後勒薩的人生陷入了空前的低潮，他不但失去了在洛斯艾洛莫斯的工作，並且陷入了嚴重的財務危機，只好在朋友公司暫時幫忙做雜事，為此他找遍了自己能想到可幫忙他的人。一九八七年一位叫約翰．李爾（John Lear）的人在拉斯維加斯春谷圖書館（Spring Valley Library）演講，李爾當時演講題目是UFO，結果造成轟動。第二年（一九八八年）六月一位房屋仲介人員打電話給李爾，希望能要他演講的錄音帶，李爾表示錄音帶無備份，此位仲介人員提議，若能給他錄音帶，他願意免費替李爾估價並仲介房子。李爾正好有此需要，便同意他的提議。

Knowledge base

約翰．李爾

李爾是退休飛機機長，飛行時數為一萬九千小時，在全世界六十個國家駕駛過一百種以上機型，退休後從事UFO研究，約翰．李爾的父親則是李爾噴氣飛機（air jet）發明人。

第二天，這位仲介人員來測量李爾的房子，也帶來一個朋友，就是勒薩。勒薩幫忙拿著量尺測量房子，也一面傾聽李爾與仲介人員談論UFO，當時勒薩根本完全不相信，還說他們是否頭腦有問題，勒薩表示他曾經在洛斯艾洛莫斯工作過，也曾暗中調查，根本沒有UFO或飛碟的任何證據，而且他是Q級安全層級，如果真有飛碟，他應該會知道。

接下來的四、五個月，他們更聽聞了幾件事，其中一件**是在洛斯艾洛莫斯有一個祕密的YY-2設施，曾關著一個外星人，勒薩打聽後果然是真有這一設施，而且需要層級比他的Q層級還要高才會知道**。到了十一月時，勒薩終於決定，看能否在五十一區謀個差事。

失業的勒薩，成了飛碟研究員

勒薩拜託曾有一面之緣，當時擔任雷根總統戰略防禦計畫主持人的愛德華．泰勒博士，一九八八年，泰勒為勒薩推薦給五十一區勢力最大的國防工業承包商EG&G公司，在內華達試驗場和五十一區從事機密與黑暗計畫並且有最高安全級別和通過忠誠調查合格的承包商相當多，EG&G公司（Edgerton, Germeshausen, and Grier, Inc）是其中地位最高、權力最大者，與政府高層關係良好，所以幾乎無人監管。

勒薩到EG&G這一國防合約公司面談了三次，面談的第一個問題是問他是否認識約翰．李爾？你認為他這人怎麼樣等。勒薩表示，他認得約翰．李爾，他喜歡打聽不該知道的事，但勒薩並沒有告訴EG&G公司人員，他也喜歡打聽祕密，勒薩在一九八八年十二月的某一天前往位於拉斯維加斯市中心麥卡倫機場EG&G公司報到，勒薩的上級主管帶著他來到機場南端的一個祕密飛機停機坪，飛機停機坪的四周圍著保安護欄，外面還站有不少荷槍實彈的衛兵。

勒薩由一九八八年十二月開始在著名的軍事基地五十一區南方十五哩遠、位於嬰兒湖（Papoose Lake）旁更機密的S4基地工作，職責是研究外星人的飛碟的飛行動力原理，以便軍方自行應用到人造飛碟。

崇高保密層級MAJ的外星「探險」

勒薩的保密層級是崇高級（Majestic），比美國總統還高，如他當時的工作證所示：MAJ。

Knowledge base

MAJ

在美國政府的保密層級（Security Clearance Level）中，美國總統只位於極機秘祕密黨員（Top Secret Crypto）中的第十七級，而勒薩當時的層級是表中的最高級。

根據勒薩的回憶，在他抵達五十一區的第一天，有人帶他在一條顛簸不平的道路上行駛了二、三十分鐘之後，來到了一處頗為神秘的飛機停機坪區，該區建於格魯姆湖畔的一座山峰之中。

勒薩在一個被稱作S-4的崗哨前接受了安全檢查，但是這一次比之前剛進入五十一區時經歷的安檢要嚴格得多。接著，他分別簽署了二份檔，一份是同意有關部門監聽自己家的電話，另一份是表示自願放棄美國憲法賦予自己的權利。

隨後，有人帶他來到一架飛碟前，告訴勒薩他的職責就是「開發飛碟的反重力推進系統」，勒薩表示在S-4地區一共有九架飛碟。有人拿給他一份說明書，上面顯示這些飛碟來自另一個星球，勒薩還看到了一些類似外星人的照片。這些大概就是外星飛碟的飛行員了。

小灰人現身「伽利略計畫」

接下來那年冬天，勒薩一直在S-4一帶工作，參與「伽利略計畫」，勒薩稱自己在那裏工作了大約半年。不過大都是在夜間，那段期間他沒有告訴任何人自己在S-4是做什麼的，即使是對自己的妻子及好友也不例外。一九八八年十二月六日，勒薩來到李爾家，並告知當天他看到飛碟並親手觸摸。

一九八九年三月的一天晚上，勒薩在二名荷槍實彈衛兵的護送下走進了S-4內部的一條通道，衛兵命令他只能向前看。然而，由於強烈的好奇心作祟，鮑勃・勒薩用餘光朝著通道兩側偷偷望去，透過一扇約九平方吋的小窗，他看到了一間表面上看起來並不特別的普通房間，但恍惚中他卻看見在二位穿著白領制服的男人(可能是技術人員或者科學家)中間，站著一位身材矮小但頭部很大的灰色外星人。當他想進一步看個究竟時，一名衛兵猛地推了他一把，使他的目光朝向前方。

之後，他被告知，他職責所進行研究的UFO來自另外一個星球，並向他出示UFO外星駕駛員的解剖照片，勒薩看到了兩張照片，其中一張照片中的生物只有半身，包括：頭、肩膀和胸部。這個外星人的胸部有一個T字形切口，其中的某個器官被摘除了。另一張照片上就是被摘除的器官，器官已被全部切開，可以看到器官內部有許多空洞。這些照片與勒薩當時正在從事的工作毫無關聯，但是看起來就像是UFO傳說中的「小灰人（greys）」。但勒薩無法確定，因為他只看到了照片的一部分，而他推測小灰人約有三．五到四呎（約一百公分）高。

一九八九之後某天，勒薩又來找李爾，並告訴李爾說：「你永遠不會知道，看到第一個外星人是什麼感覺。」但李爾質疑勒薩看到的是突變生物或畸形嬰兒之類的，但勒薩堅稱那是一位外星人。

對於勒薩來說，這次事件無疑是他人生中重大的轉捩點，在他的內心產生了某種變化，他覺得自己再也無法繼續守著飛碟和那些可能是外星人的祕密了。就像歌德筆下的悲劇人物浮士德一樣，勒薩企圖瞭解那些不為人知的機密訊息。但與浮士德不同的是，對於這次工作的保密約定，勒薩最後也沒信守自己的承諾。他忍不住把這一期間的所見所聞告訴自己的妻子和好友，這表示他違背了到五十一區工作的保密誓言，因為勒薩對格魯姆湖區飛碟試飛的日期安排瞭若指掌，所以他就邀了幾位親朋好友一起前去親眼看五十一區發生了什麼事。

他們一行人帶著一副高倍望遠鏡和一台攝影機，從三七五號公路進入格魯姆湖後面的山區，等了很久以後，山谷內終於有了一點動靜，勒薩的妻子和兩位朋友看到一個閃閃發光的不明飛行物由重山峻嶺間飛上高空，擋住了五十一區的視線。

他們看見不明飛行物在空中盤旋了一陣，然後緩緩著陸。在接下來的星期三，他們幾人再次來到同一地點進行觀測。一九八九年四月五日，他們沿著通向祕密基地的格魯姆湖大道，第三次造訪該地，但卻又失敗而告終。五十一區的衛兵發現他們並且扣留了所有人，並要求他們出示證件。在接受當地警察局的盤問之後，全部被無罪釋放。第二天，勒薩按時來到了麥卡倫機場的EG&G公司，但公司主管告訴他已被公司解聘，如果他膽敢再次出現在格魯姆湖附近，就會立刻以間諜罪逮捕。

由於擔心自己的人身安全，勒薩決定將這段經歷公諸於眾，因為他對UFO有所貢獻，而且還有利用價值，因此能存活至今；但是他離開工作崗位之後，的確有些奇怪的事情發生過，例如在高速公路上被人槍擊，家裡被聯邦探員闖入搜索等，所以他緊急與《新聞直擊》節目的主持人了聯繫。

一九八九年十一月，在拉斯維加斯KLAS電視臺勒薩和記者喬治·耐普進行了一次電視採訪，這次節目的收視率打破了該電視臺有史以來的最高紀錄。但是觀眾卻僅限於當地居民，因此遲至數月之後，勒薩的故事才受到舉世矚目。

飛碟原理衝擊現代科技

勒薩聲稱，一開始他以為那些飛碟是美國製造的祕密武器，飛碟目擊報告都是軍方試飛時被民眾看到的。然而，當他看過一些簡短報告並查看飛碟後，他才深信這些飛碟完全來自外星科技。在這個電視訪談中，勒薩清晰的描述了進入飛碟後他是何等震驚。

一一五元素讓UFO穿越時空

對於UFO動力來源，勒薩稱關鍵的燃料是原子序一一五元素，目前化學元素週期表最大原子序是一一八，但當時科學家完全不知道有一一五元素。

元素一一五又叫Ununpentium（UUP），但這是臨時名稱，也是元素週期表中十五（VA）族中最重的元素，但目前還沒有足夠穩定的同位素被發現，因此並未能通過化學實驗確認其位置。

科學家在二〇〇三年第一次觀測到UUP，至今合成了大約三十個原子，並只探測到四次直接衰變。目前已知有五個連續的同位素287-291UUP，其中291UUP的半衰期最長，約為一分鐘。二〇〇四年二月二日，由杜布納聯合核研究所的俄羅斯科學家和勞倫斯利福摩爾國家實驗室的美國科學家組成的團隊，在《物理評論快報》上發佈了UUP成功合成的消息。

UFO在質子轟擊下產生反物質，進而提供能量和創造出反重力效果。由於一一五元素的核子力場較易被放大，扭曲周圍的重力場，這樣飛船就可以縮短空間的距離。

幽浮航道是利用彎曲時空形成捷徑

要想瞭解UFO飛碟飛行原理，先要將時空想像成一張橡皮床單，外星人在太空中，將三個重力場放大器對準想要去的目標，有如把一張橡皮床單四角定在桌上，一端放石頭當作飛碟，在另一端用手指捏住一點，用力拉到石頭前。飛碟也是同樣將遠處空間的一點拉到飛碟跟前。當你關閉重力產生機時，石頭（飛碟）就會隨著被拉伸的橡皮床單（也就是空間）回彈到初始位置，但不是在空間中直線運動，而是彎曲時空後，隨時空一起回卷，如同一張紙上有兩點，當紙張折疊後兩點距離就變近。

另一種飛碟飛行模式，靠自己製造的重力場與星球自身重力場之間的平衡，可以飄在「重力波」上，就像木塞飄在海上一樣，在星球表面飛行。這種模式下外星人的飛碟飛行會呈現不穩定狀態，也經常受到地球天氣影響。

近年對波色－愛因斯坦冷凝物（Bose-Einstein condensate，BEC）的研究發現，減緩原子速度到接近絕對零度時，原子間會接合成超級原子，當施加以振動場時，這種超級原子會放射出一種物質波。目前這種技術在地球上才剛起步，但是很有希望未來能以此製造出一種高密度聚集的物質波束。

根據**勒薩所描述，在五十一區的重力產生機結構圖的上部，其零件看起來和BEC技術中用來使原子減速的鐳射環和電磁圈一模一樣。那些重力產生機射出一個光束，足以使飛碟懸空，這表示外星人的技術和物質波有很大關聯。**

重力產生機中反應堆的內部，元素一一五受到一個質子轟擊，該質子吸附在原子上成為元素一一六，但是一一六立即衰減並放射出小量的反物質，反物質被導到一個調節管中，防止其與周圍物質相融合。然後反物質被直接輸送到管尾和一種氣體相融合，氣體物質與反物質相互抵消，全部轉化為能量。抵消產生的熱量透過熱能轉化機一〇〇%被轉化為電能與機械能。

一架飛碟上只需要二二三克元素一一五（通常被切割成三角形），就能執行任務。而中央管的作用，顯然是用來作為高頻波的迴圈式波能導管，是八釐米直徑管子，而且和微波段的電磁波有關，不管管尾的目標物質是什麼，被這種波束擊中後，會導致目標物質分子和原子共振，共振將電子能量提升到另一高度。

齊塔雙星是外星人與UFO的故鄉？

元素一一五是一種超級重金屬，可能發現於齊塔雙星系統中的某個行星上。齊塔雙星是由齊塔一號和齊塔二號組成的聯星系統，距地球三九光年，位於網罟座內。

勒薩同時聲稱他看過的報告中，顯示外星人在地球已超過一萬年，報告中提及這些外星人早年來自齊塔網罟座ζ（Zeta Reticulia）一和二星系，通常被稱為「齊塔（Zeta）人」，也被稱為「小灰人」。

勒薩一九八〇年代在五十一區參與過一個開始於一九七九年的「複製專案」。該專案即是有名的美國官方與外星人的「庫柏（Cooper）文件」，透過技術交流與其他條件互換，美國政府從外星人手中獲得九架飛碟，用於研究複製。

勒薩在五十一區的故事曾被日本媒體大肆報導，並接受日本電視訪問，勒薩變得家喻戶曉以後，各大媒體開始對鮑勃．勒薩這個人窮追不捨，他過去犯下的雞毛蒜皮錯誤都被媒體提出討論，成為大家討論的熱門話題。還有報導說，勒薩曾在自己的學歷問題上造假，他聲稱自己擁有麻省理工學院的學位，但該校卻聲明說並沒有此人的記錄。更有甚者說，勒薩還在拉斯維加斯被指控仲介色情而遭到逮捕，過沒多久，他便銷聲匿跡不再出現在公共場合了。

但是，勒薩對於自己在五十一區S-4的所見所聞，始終沒有改變自己的說法。那麼，勒薩是否真的目睹了外星人和外星科技呢？有關勒薩個人品行的種種指責，是不是政府為了讓他保持沈默而在幕後一手策劃的？或者他只是一個信口開河的好事之

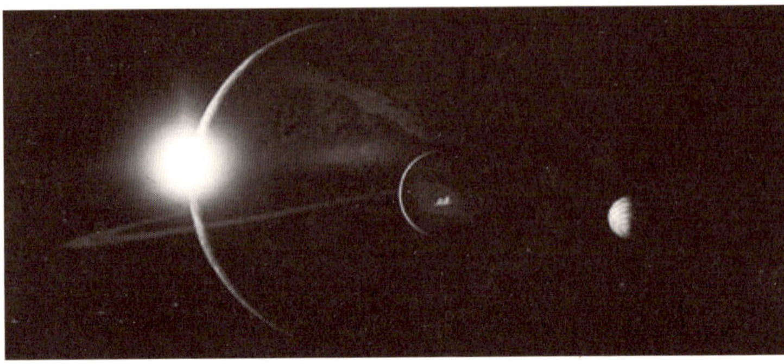

徒，想要利用五十一區的所見所聞為自己提高知名度？

一九九三年，勒薩將自己故事的電影版權出售給電影公司。此外，他還接受二次測謊試驗，但是每一次的測試結果都沒有定論，據進行測試的負責人說，對於他自己講述的那些故事，勒薩似乎深信不疑。

Part 3

「羅斯威爾」飛碟事件簿

2011年4月美聯邦調查局（FBI）對外公開一分備忘錄，表明外星人確曾造訪過美國，亦即知名的「1947年飛碟墜毀事件」是事實。據說，1947年外星人的飛碟墜毀後的屍體就被封存在五十一區的「綠屋（green house）」裏，歷史上每一位新當選的美國總統都會前去參觀……

天空九個亮點引爆全球UFO熱

飛碟名稱的由來始自五〇年代，一九四七年六月二十四日，美國華盛頓州一位叫做肯尼士．安德魯的企業家，駕著自用飛機飛過雷尼爾山上空時，看到了九個不明亮點，約以每小時一千六百公里的速度從空中呼嘯而過，他馬上判定這些盤狀亮點是來自宇宙某一星球的飛行船，不禁脫口叫道：「飛碟（Flying Saucers）！飛碟！」第二天報紙立即刊出「UFO出現了」的消息，並傳至世界各地，由於這次所出現的不明飛行物UFO外形像盤狀物，所以後來「飛碟」就被用來專指外星人乘坐的飛行器。

從這次事件之後，人們開始注意這種「不明飛行物」，但並沒有引發全球性的討論熱潮。直到一個月後，美國羅茲威爾發生了飛碟墜毀事件，媒體大幅報導，引起民眾高度注目，**全球研究飛碟的熱潮，也始於這場「羅茲威爾事件」**。

Knowledge base

飛碟的定義

UFO（Uidentified Flying Object）是不明飛行物的簡稱，意即「尚未確認的飛行物體」，也有人將它音譯成「幽浮」，但不是好的翻譯，因容易與幽靈聯想在一起，UFO指稱的範圍雖然很廣，但一般被定義為「外星人所搭乘的飛行器」，也有人稱之為飛碟（Flying Saucers）。

十八號停機庫之謎

一九四七年七月八日，美國羅茲威爾日報以第一版頭條，報導陸軍於當地牧場附近發現不明飛行物的消息。當時距離「飛碟」這個名詞的提出只相隔一個多月，世界各大傳播媒體正風靡「飛碟狂熱」中，因此羅茲威爾事件均以頭版刊載，包括：英國倫敦時報、美國紐約時報及亞洲各大報均詳細報導此一事件，連美國新墨西哥州的廣播電台也不斷插播這個消息。

但就在第二天（七月九日），所有的傳播媒體同時否認了這一消息，並引述軍方的報導：「事情的真相是氣象觀測用的氣球失事墜落，並非如傳說中的外星飛行物。」儘管美國政府與軍方鄭重否認「外星飛行物」的存在，但真相還是從目擊者口中不斷傳出，加上美軍欲蓋彌彰的態度，都讓這個事件如雪球般愈滾愈大。

還原羅茲威爾事件

一九四七年七月二日，大約在晚上十點左右，有一個巨大的不明發光體夾帶著如雷一般的爆炸聲飛過羅茲威爾市街。附近一所牧場的主人在第二天清晨，於距離牧場約四百公尺的地方發現了許多類似飛機的殘骸，並有部分牧草燒焦的痕跡。

當時他並沒有太在意這件事。但幾天後他與朋友談及此事時，大家都勸他去報案，於是七月七日早上，牧場主人到可洛娜鎮的警局報案，當地警方立刻受理這個案件。

根據瞭解，飛碟在羅茲威爾附近發生爆炸後勉強又飛了將近五公里，墜落在新墨

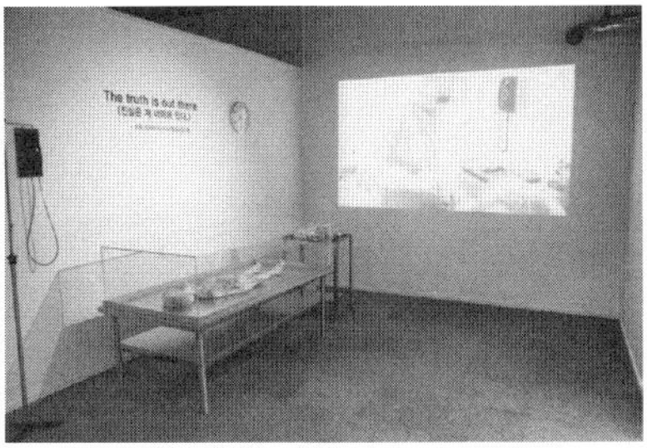

▼當時事件報導記錄。

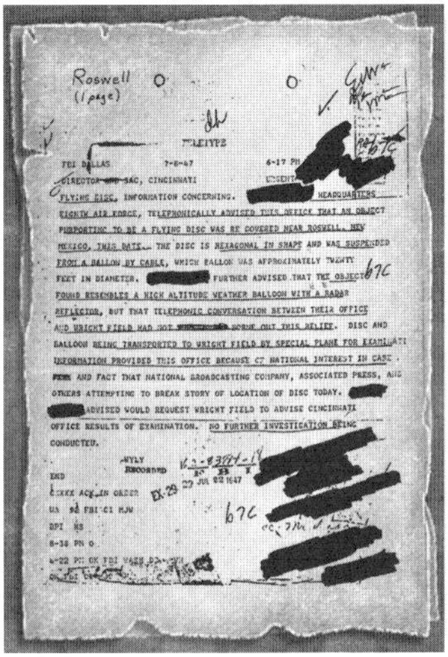

Roswell
(1 page)

TELETYPE

FBI DALLAS 7-8-47 6-17 PM

DIRECTOR AND SAC, CINCINNATI URGENT [redacted]

FLYING DISC, INFORMATION CONCERNING. [redacted] HEADQUARTERS EIGHTH AIR FORCE, TELEPHONICALLY ADVISED THIS OFFICE THAT AN OBJECT PURPORTING TO BE A FLYING DISC WAS RE COVERED NEAR ROSWELL, NEW MEXICO, THIS DATE. THE DISC IS HEXAGONAL IN SHAPE AND WAS SUSPENDED FROM A BALLON BY CABLE, WHICH BALLON WAS APPROXIMATELY TWENTY FEET IN DIAMETER. [redacted] FURTHER ADVISED THAT THE OBJECT FOUND RESEMBLES A HIGH ALTITUDE WEATHER BALLOON WITH A RADAR REFLECTOR, BUT THAT TELEPHONIC CONVERSATION BETWEEN THEIR OFFICE AND WRIGHT FIELD HAD NOT BORNE OUT THIS BELIEF. DISC AND BALLOON BEING TRANSPORTED TO WRIGHT FIELD BY SPECIAL PLANE FOR EXAMINATI INFORMATION PROVIDED THIS OFFICE BECAUSE C7 NATIONAL INTEREST IN CASE AND FACT THAT NATIONAL BROADCASTING COMPANY, ASSOCIATED PRESS, AND OTHERS ATTEMPTING TO BREAK STORY OF LOCATION OF DISC TODAY. [redacted] ADVISED WOULD REQUEST WRIGHT FIELD TO ADVISE CINCINNATI OFFICE RESULTS OF EXAMINATION. NO FURTHER INVESTIGATION BEING CONDUCTED.

WYLY
RECORDED

END

CXXX ACK IN ORDER

UA 92 FBI CI MJW

DPI HS

6-38 PM O

6-22 PM OK FBI WASH

b7C

[redacted]

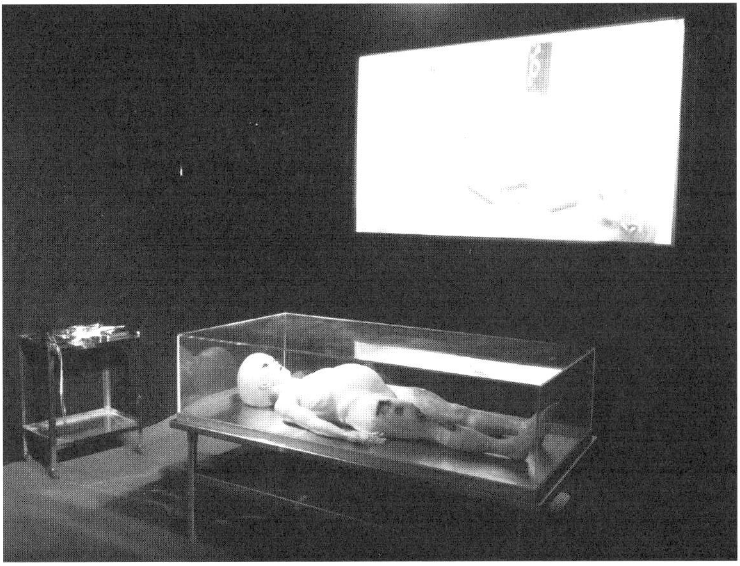

西哥州桑阿古斯汀平原附近。當天晚上還有另一位目擊者巴納德，他在行車時看到了耀眼閃光，隨即有飛行物體墜毀。他驅車朝墜落地一看，發現這個飛行物並不是飛機，而是直徑約八～九公尺的金屬碟形物體。

隨後趕到失事現場的還有一些考古研究人員，他們發現墜落物體上有幾位飛行員，但看起來不像人類，這些飛行員兩眼細長，沒有毛髮，身材矮小，穿著緊身衣。過了沒多久，美國陸軍就抵達現場處理善後。

事件的目擊者在事後都被軍方留置並限制行動，很明顯的，美國當局企圖掩飾事情真相。

美國軍方把現場遺留的飛碟殘骸及外星人遺體先運至愛德華斯基地置放，隨即經由科羅曼基地運到俄亥俄州萊特·巴達遜基地。而回收的飛碟殘骸及外星人遺體則放在該基地的第十八號停機庫，這就是聞名於飛碟研究界的「第十八號停機庫之謎」！

在過去將近七〇年中，五十一區的真實面目始終不為人知。實際上，羅茲威爾事件只不過是解開五十一區神秘面紗的線索之一而已。五十一區這座位於荒漠之中的祕密基地，與遠在這片方圓五十平方哩外號「盒子」的一系列事件有著極深的淵源。

一九九四年揭曉謎團背後的黑手

羅斯威爾事件之所以引起注意，是因為背後有黑手介入，因此四十年後才又引發討論。一九八〇年，根據伯里（Charles Berlitz）及莫爾（William L. Moore）的研究成果，一本名為《羅斯威爾事件》（*The Roswell Incident*）的新書終於問世，從而揭開了此一事件的神秘面紗。

一九九四年另二位研究人員藍道（Kevin D. Randle）及施契密特（Donald R. Schmitt），他們兩人在一九九四年出版了一本研究報告書籍《The truth about the UFOcrash at Roswell》，作者藍道是本書作者之友，並授權本書作者主導將該書翻譯成中文，書名為《UFO撞毀事件羅滋威爾第一現場報導》，由九儀出版社發行，當時出版社發行人是曾任立委、現為台北市議員的秦慧珠。

這些研究人員探討後得知，有六十二位目擊者曾遭不明人士恐嚇閉口，還有人威脅鎮上的人們，假如他們向外人透露了自己看到的事情，就會遭受牢獄之災。對於UFO研究專家來說，這六十二名目擊者所講述的故事存在以下兩項共同點：

1. 這次事件的墜落地點不止一處，而且墜毀的飛行物包括一架飛碟，或者說一個圓盤狀的物體。

2. 令人感到目瞪口呆的是，所有的目擊者都異口同聲地斷定自己看到了幾具類似人體、身材像兒童的屍體。這些屍體顯然來自飛碟，他們有大的頭顱和橢圓形的大眼睛，但是卻沒有鼻子。UFO研究專家認為，從大多數目擊者的描述中可以推斷，這些類似人體身材的飛行員不屬於地球。

外星人十七種特徵現形

羅茲威爾事件過了三十年後，一位參與屍體解剖的醫學博士出面作證，表示確實有外星人這件事情，並把這些外星人的特徵公諸於世：

1. 外星人的身高大約為一百～一百四十公分，但也有約一百五十公分高的。
2. 依人類標準來看，頭部與身體相比異常的大，而頸部細小。
3. 眼睛大小依個體而異，但大致都是大而深、眼眶凹陷，與人類相比，兩眼間隔極大。眼角微向上翹，屬於東方人眼型。
4. 耳朵只是在頭部兩側的凹洞，並沒有像人類的耳殼及耳垂。
5. 鼻子部分是在臉部中央的兩個鼻孔，隆起部分並不明顯，幾乎無法辨認。
6. 嘴部很小，只有一道「裂痕」，閉上時看起來就像一直線，可能並不具有吃飯及說話的機能。
7. 沒有頭髮或只有稀疏的毛髮，且完全沒有體毛。
8. 胸部小而薄。
9. 手臂極長，可伸展到膝蓋以下。
10. 手指頭僅四根，沒有大拇指，四根手指頭中有兩根特別長。沒有指甲，有些外星人手指與手指間有蹼。
11. 沒有腳趾。

12. 皮膚很厚、大多是灰色、暗綠色或是黃褐色，也有人說是粉紅帶灰或是灰色帶藍。（這可能是因為光線照射導致顏色差異）。
13. 口中似乎沒有牙齒。
14. 沒有生殖器（性器）。缺乏生殖器可能是因外星人採無性生殖，例如以選殖法（cloning）或其他尚未為人類知曉的方法繁殖。
15. 外星人可能以同種模型鑄造出來，彼此長得極為相似，生物學特徵幾乎完全相同。
16. 有類似血液的液體，但與人類的血液不同。
17. 營養的攝取：食物及飲料取自何處並不清楚。在所回收的UFO中並沒有發現任何食用物。目前仍缺乏營養補充方式及腸道相關數據。

根據這些特徵，再來對照人類發展的趨勢，有科學家推測人類未來也有可能發展成這些外星人的模樣。這個推測並非毫無可能。假如人類維持目前科技發展的態勢，且沒有受到核子戰爭及公害的影響而滅絕，那麼在幾百、幾千年，甚至幾十萬年之後，人類或許真的就會演化成上述外星人的模樣。

外星人其實是未來人？

首先，我們把外星人的特徵逐項加以檢討：

1. 身體與頭部相比，身體較小而頭部較大——可以推想出未來人類的長相可能也是如此。因為在現代生活中，人類常利用汽車、電車、電梯等自動代步工具，所以孩童的手腕和腳已漸漸出現弱化現象；而飲食習慣的改變，也可能使得人類內臟漸趨退化，身體也隨之變小。身體變小還有能源利用效益上的考量，因為在文明高度發達的地區，人們使用身體的機會將愈來愈少，因此身體體積是不需要太大的！唯一重要的是，頭腦不能不發達，所以頭蓋骨不至於萎縮。若是按照這種趨勢演化，人類的頭部自然將比身體大，一如外星人的模樣。

2. 口中沒有牙齒、舌頭及食道——表示攝取食物時，並不是經由嘴部攝取。這並非不可能的事，近二十年來，由於飲食日益精緻，許多食物的堅硬度不若以往，因此人類的牙齒漸漸變弱，下巴也慢慢退化成細長型。

而且，對於不足的養分或維生素，可以用錠劑或口服液補充，生技技術日趨進步後，總有一天人類會像太空人一樣，只需極少量的錠劑就能攝取足夠供應全天的能量；而若是飲用少量濃縮液，人體也可透過口中黏膜吸收。這樣一來，內臟（尤其是骨與腸等）也會像盲腸一樣退化，說不定腹腔將成為空無一物的狀態呢！

3. 耳朵與鼻子由外觀上看，已退化到無法辨認的程度，只留下孔而已——

本來耳殼的功用是為了使前方傳來的聲音能夠集中，以便利於聽覺感應，因此人類才具備發達的耳殼。但最近隨身聽、助聽器等以電器原理將聲音放大，加上特殊處理技術的發達，也許將來可以不用耳機而直接將聲音傳至耳內，甚至是腦部聽覺神經中樞，到那個時候，耳殼就沒有存在的必要了。

人類鼻子的高起則是為了暖和寒冷的空氣，以及防止灰塵直接被吸入（歐美因為寒冷的原因，普遍都是高鼻子）。但如果在四季都有人工調節氣溫的環境下生存，那就沒有必要具備高聳的鼻子了。現代人夏天吹冷氣、冬天吹暖氣，並有空氣過濾器及濕度調節器，這種技術如果再升級，有一天全地球環境也可能完全用人工調節。而以此來解釋以下第四項，就更容易瞭解了。

4. 沒有頭髮及體毛——頭髮及體毛可說是原始人類（類人猿）所遺留下來的產物。目前頭髮還有保護頭部及緩和外來衝擊的功能，但在完全人工調節的環境下似乎也沒存在的必要（以美容效果觀點來說另當別論）。

5. 手指只要四指——手指頭為何只有四指目前並未能有明確生物發展性的解釋，也許是因本來大拇指是握物之用，但現在人類握物的機會已經愈來愈少了。而隨著科技發展，工業用機器人可以代替人類雙手從事相同動作，因此手部的退化是一定會發生的。而且假若如前文所述，人類未來將不用以口進食的話，那就不必用手拿筷子或湯匙了。

並且隨著科技的進步，許多遊戲機只需要用一根手指按鈕就能玩電視遊戲或電腦遊戲。也就是說，以電腦製造出來的影像代替身體玩遊戲。這種技術如果逐漸發達，最後連公司職員也不用去公司上班，在自己家裡把必要文件輸入電腦，利用網路傳至公司即可。家庭主婦也可以將燒飯、煮菜、洗衣、清掃等工作全以按鈕方式自動完成，因此未來的生活可能只要一根手指頭就夠用了。

但是將來眼睛卻顯得比現在重要，因為全面電腦化之後，不管從事什麼事情，都必須以眼睛注視螢幕、監視畫面。

6. 沒有腳指頭——腳指頭是原始時代，人類用來攀抓樹枝用的。現在人們全年都穿著鞋子，腳的小指頭已經退化變小了。而從走路機會愈來愈少、路面愈來愈平滑的趨勢來看，腳指頭的退化是必然的。

根據上述的推測來看，外星人可能是人類未來的模樣。但必須先說明的是，這只是現階段的推想。這種退化、進化，可能要經過幾百萬年，甚至幾億年才可能達到。所以，未來人類要變成像外星人一樣，還有很長的一段時間。

這些文件中所描述的外星人，可能比人類要早數千萬年或數億年誕生，進而退化（進化）成為今天的模樣。那麼，同理可證，外星人以前的模樣也許與人類極為相近。

依據天文學家的推測，我們所居住的大宇宙，大約誕生在一百五十～二百億年前，而地球誕生至今只不過是四十六億年而已。依此類推，也許在百億年前，其他行星就像地球一樣有生命產生，並有演化現象，所以宇宙存在高智慧生物是理所當然的事。

當然，這些推測都只是依據單純計算後的結果，事實上是不是如此，就難以肯定了。

飛碟是外星飛行器還是空軍秘密武器？

一九六〇年代中期，當A-12「牛車」偵察機開始飛出五十一區時，經常會被人誤認為UFO，因此有關在五十一區附近發現不明飛行物的報告非常多，而且都送到中情局進行分析，這種情況在U-2飛機也出現過。

一九六二年四月三十日，就在「牛車」偵察機正式首飛的四天後，中情局收到了第一份有關UFO的目擊報導：上午十點前，當國家航空航天局一架X-15噴氣式飛機在從加州到內華達州間的空中通道進行試飛時，一架A-12也在附近區域的不同高度航行。按照計畫，X-15飛機的試飛員拍攝照片，然而由於X-15是一個對外公開專案，所以政府當局經常向外界發佈有關情況，其中包括當天拍攝的照片，但是在發佈這些照片前，卻沒有進行嚴格檢視，所以在照片的一角出現了一架小小的「飛碟」。實際上，這只是一架「牛車」偵察機，但是媒體卻誤以為是UFO。

中情局長的秘密電報「飛碟來了」

這次事件發生兩周後，中情局局長收到一份祕密特急電報：「四月三十日，一架A-12於當地時間九時四十八分至十時六分在三萬呎的高空航行，X-15飛機也於同時試飛……有報導稱在X-15發佈的照片上發現了不明飛行物。」這份電報直至二〇〇七年才得以解密，可以得知，當時中情局收到的有關UFO的目擊報告雖然很多，但大都屬於此類誤判。在六年中，共有二八五〇架次「牛車」偵察機飛出五十一區，至於其中有多少與UFO的目擊事件存在關聯則不得而知。

然而，正如十年前的「U-2計畫」一樣，對局外人來說，有很多現象似乎都難以解釋。往返於內華達和加州的民航班機飛行員可以看到「牛車」偵察機閃閃發光的底部，當這些物體以三倍音速由他們的頂空急速掠過時，駕駛員第一印象就是：UFO！當「牛車」偵察機的時速達到二三〇〇哩時，這一速度幾乎相當於民航班機的六倍，在當時可說非常罕見，對於層出不窮有關UFO的目擊報告，中情局採取的態度與U-2時代完全一樣的。

民航班機的目擊報告應該送往聯邦航空局，當這些班機在加州或者其他地方降落時，聯邦調查局的幹員會在當地守候，然後要求所有乘客簽署保密協定。中情局本以為這樣就可以萬無一失，然而事實卻恰恰好相反，大家不僅對UFO的興趣有增無減，而且再次向國會施壓，想要知道聯邦政府是否在UFO問題上有所隱瞞。但是，每當有國會議員詢問中情局是否與UFO事件有關時，得到的答案都是否定的。

Knowledge base

外星人爲什麼要造訪地球？

當時不明飛行物專家中最流行的一種看法是，這一定與人類在原子彈技術上的突飛猛進有關。在這些人看來，X-15 是第一種能夠接近太空的有人駕駛飛行器，其最高飛行高度可達三十五萬四千二百呎，幾乎相當於六十七哩，因此很可能引起了外星生物的興趣。

被掩蓋的「牛車計畫」

一九六六年五月十日，哥倫比亞廣播公司新聞節目播出了一期題為「朋友、敵人、還是幻想？」的特別新聞報導。面對數百萬美國觀眾提及，中央情報局也參與了政府企圖在有關UFO問題上掩人耳目的活動。儘管中央情報部門再三向國會表示否認，但是暗中一直在對UFO的資料進行積極分析。事實上由一九五〇年代

起，中情局就開始對全世界的UFO目擊事件進行追蹤調查。中情局不能洩露「U-2計畫」的有關細節，雖然墜機事件暴露了這個專案，但是大部分內容直至一九九八年才得以解密；當然也不能洩露「牛車計畫」與這些UFO目擊事件之間有關聯。在二〇〇七年以前，「牛車計畫」的所有內容始終被列為高度機密，美國政府一直在說謊。

UFO事件上的層層迷霧，民眾感到極為憤慨。一九六六年，越南戰事不斷升溫，美國政府說了很多戰爭相關謊言，例如用了大量落葉劑與戰爭的真相等，政府講真話的能力受到了強烈的質疑！為了瞭解更多資訊，民眾不斷向國會施加壓力，其結果是1940年代末，空軍部門再次受命對UFO事件展開正式調查。

之所以要讓空軍負責，國會表示，是為了對已失去信任的中情局進行監督，然而在這項調查中，最具有諷刺意味的是，從五十一區進入的「牛車」偵察機A-12，只有極為少數的空軍將領才有資格瞭解情況。也就是說，在大部分負責調查的空軍軍官看來，大家看到的A-12飛機就是不明飛行物。更有甚者，空軍內部負責對UFO事件進行調查的幾名關鍵人物認為：空軍方面也參與了對不明飛行物的掩飾活動。最後，其中幾個調查人員離開了軍事單位，並且出版了關於UFO的著作，協助民眾敦促國會採取進一步措施。

真假UFO引發的跨世紀恐慌

自「熱氣球」發明後，二百多年來，世界各國的人就開始對不明飛行物感到震驚與好奇，因為來自空中的敵人讓他們感到自己不堪一擊。廣播劇《世界爭霸戰》曾在美國引起大規模恐慌，此類事件是有先例可循的。

一七八三年八月。在路易十六的資助下，法國出現了第一顆熱氣球，在早期試飛實驗中，有一次，一顆熱氣球遭遇暴風雨後在法國的村莊墜毀。鎮上的農民把這一熱氣球當成了一頭從天而降的怪物。由當時的一張畫上，可以看到農民紛紛拿起叉子和鐮刀，把這只熱氣球砍成了碎片，還有些人一邊在頭頂揮舞著手臂，一邊驚慌逃竄，可以看出，每當有新型的飛行器問世時，就會激起人類擔心從空中遭受攻擊的原始恐懼。在過去的二百多年中，這種恐懼經歷了一次又一次的發生。

戰機內的大猩猩，只是一場鬧劇？

在美國進入噴氣時代的二十年後，也就是一九六〇年代中期，對於不明飛行物與外星人入侵的擔憂不僅影響著大家的行為與觀念，而且也促成了許多產業。數以百萬計的美國民眾相信，政府部門的不同機構都一直在試圖掩蓋有關UFO和外星人存在的事實。然而，大家不知道的是，**對於「火星人」的過度關注，只會分散對另外一些有關UFO事實的注意力。實際上，許多目擊報告涉及的並不是來自外星的飛碟，而是人類製造的先端飛機**。

直至六十年代末，最讓公眾感到憤憤不平的兩個政府機構即中情局和空軍，一直利用各種手段，掩飾和欺騙，好讓他們的祕密專案不會受大眾注意。掩飾是為了隱藏事實，而欺騙則是為了進行誤導。從對墜機事件的遮掩到試圖混淆視聽的行為，這兩個機構用謊言一直欺騙民眾。

一九四二年，當「噴氣式引擎」剛剛發明時，對於這種新型的尖端飛機，陸軍航空隊始終秘而不宣，等待軍方按照自己的計畫公佈這項技術。

噴氣引擎尚未問世時，飛機需要依靠螺旋槳來推動，因此在一九四二年前，大多數人都會覺得一架沒有螺旋槳的飛機是匪夷所思的。為了讓人們對這項技術上的重大突破保持沈默，陸軍航空隊授意一批飛行員開展了一場試圖混淆視聽的戰略活動。每當有試飛員駕駛「貝爾」XP-59A 噴氣式戰鬥機從加州沙漠出發前，機組成員就會在這架飛機的鼻部安裝一個螺旋槳模型。雖然貝爾飛行員有自己專屬的試飛區域，但是P-38「閃電」戰鬥機的飛行員在進行訓練時，總會有意無意地飛到鄰近的領空，想要看一看這種新型飛機。有人看見螺旋槳飛機的後面拖著長長的尾煙，隨後這條消息很快就在飛行員間傳開來，大家都想知道，他們被蒙在鼓裏的東西究竟是什麼？

XP-59A「貝爾」戰鬥機首席試飛員甚至想出了一條妙計，他從好萊塢的一家道具公司那裏訂購了一個大猩猩的面具，進行試飛時，卸掉了裝在噴氣式飛機鼻部的螺旋槳模型，然後自己戴上了大猩猩的面具。當P-38「閃電」戰鬥機的飛行員來到附近時，就故意靠近這架P-38，好讓對方能夠看到自己駕駛艙裏面的東西。讓「閃電」戰鬥機飛行員大驚失色的是，看到了一隻大猩猩在駕駛飛機，更震憾的是，這架飛機竟然沒有螺旋槳。這名飛行員飛回基地，直奔當地的交誼廳，然後坐下來點了一杯烈酒，隨後，他向其他飛行員講起剛才自己親眼看到的事情，但是其他人卻說他可能是酒喝多了。與此同時，其他XP-59A「貝爾」戰鬥機的試飛員也開始紛紛模仿。

在接下來的幾個月裏，又有幾名P-38「閃電」戰鬥機飛行員說他們看到大猩猩在駕駛一種沒有螺旋槳的飛機。當時美國陸軍航空隊的精神病專家也介入其中，試圖向「閃電」飛行員解釋，即使對一名思維清晰的戰鬥機飛行員來說，在高空迷失方向時，也會認為自己看到了一些根本就不存在的東西，因為每個人都知道大猩猩不可能操縱飛機。至於這些精神病專家是否真的涉及此事，以及他們是否提出了使用大猩猩面具的建議，並不得而知，但是這次戰略欺騙行動，其用意不言而喻，因為誰都不想被他人誤認為傻子。

Knowledge base

讓複雜事件簡單化的「奧卡姆剃刀原理」

十四世紀邏輯學家、聖方濟各會修士奧卡姆的威廉（William of Occam）曾提出奧卡姆剃刀原理，奧卡姆（Ockham）位於英格蘭的薩里郡，奧卡姆剃刀（Occam's Razor，Ockham's Razor），又稱「奧坎的剃刀」，主要理論為：「切勿浪費較多東西，去做『可以用較少的東西，同樣可以做好的事情』。」（Entities should not be multiplied unnecessarily）。

威廉認為，當試圖解釋某種現象時，另一種說法是否比最初的說法能夠解釋更多現象，或者這種說法只會使問題變得更為複雜？因此也就更少有人使用。

在奧卡姆看來，對於任何謎題來說，其謎底應該比謎題本身更加簡單，而不是更加複雜。

同樣道理在解釋不明飛行物現象時，大家經常會用到奧卡姆剃刀原理。譬如在大猩猩駕駛飛機的故事中，對於這種看似不可思議現象，正確的謎底，實際上是飛行員戴著大猩猩的面具在駕駛飛機，這是最簡單的解釋，對於羅斯威爾墜機事件來說，道理同樣如此，只不過這一謎底事隔數十年後才逐漸解開。

UFO的官方定義，有三類假設

一九六〇年代中期，中情局內部對於UFO開始出現了新的看法，由一九四七年六月近代UFO現象出現之日起，中情局始終認為，UFO可以歸結為以下三類：一、是一種新型實驗飛行器，二、目擊者的幻覺與誤判，第三種可能則是與前蘇聯有關，可能是新型武器或心理理戰，目的在美國民眾中製造恐慌，進而對政府失去信任。

到了一九六六年，中情局內一部分人士為上述分類增加了第四種可能：也許真的存在UFO。這種假設源於中情局對前蘇聯的監視，與此同時，前蘇聯對UFO的態度也發生巨大的變化。

由一九四〇年代起直至一九五三年史達林逝世期間，中情局在對前蘇聯的出版物進行分析後發現：只在一九五一年莫斯科某報的一篇社論中公開提到了UFO。赫魯雪夫似乎也沿襲了美國中情局的一貫政策。此外，負責監視蘇聯媒體的中情局分析師還發現，在赫魯雪夫任職期間，蘇聯從沒有出現過有關UFO的報導。然而令人奇怪的是，一九六四年，在赫魯雪夫下臺後，有關UFO的研究開始增多。

一九六六年，莫斯科的官方通訊社俄新社發表了一系列關於UFO的文章，莫斯科航空學院的兩位頂尖科學家分別就此撰文，但是意見卻截然相反，對於由政府出資進行研究的前蘇聯科學家來說，這種情況並不多見。有科學家認為，美國政府不僅製造了UFO，而且，對其進行大肆宣傳，以便將大家的注意力從美國在各地戰爭行為的失敗上轉移，但是，另有著名科學家卻認為UFO確實存在。

據美國中情局當時的一份解密備忘錄顯示，如果前蘇聯的頂尖科學家和天文學家認為UFO是真的，那麼也許UFO的確是真的。一九六八年，中情局獲悉，前蘇聯在莫斯科建立了UFO的研究總部：全蘇宇宙航太委員會UFO部。在得知前蘇聯建立了UFO的官方機構後，中情局也開始整合自己的UFO研究部門。**這是美國間諜機構內部有史以來首次承認，UFO或許來自外太空**。並認為：有關UFO源於其他世界及其來自其他星球而非地球的假設，應當深入研究。中情局認為自己也被蒙在鼓裏，是否與五十一區外內華達沙漠中在暗中實施後續項目時所採取的保密措施有關，可能政府部門想要極力隱藏不可告人的祕密「UFO來自外太空」。

Part 4

美國與外星人的合作協定

羅茲威爾事件發生後，美國政府一方面對外封鎖並否定任何消息，一方面又成立了一個祕密小組進行飛碟研究。這個直接隸屬美國總統的研究小組，稱為「MJ-12」。而領軍「MJ-12」計畫的人，正是美國中情局局長。到底「MJ-12」的研究內容為何？為何需要如此保密？

GRUGE / BLUE BOOK報告書

自一九四〇年代末期美國發現首宗UFO墜落事件之後，美國政府就成立了機密的UFO調查機構，一九四九年二月此一機構由原來名稱改為「GRUGE」，而在半年後的八月提出了六十頁的報告書，內容敘述了一九四七年到四九年的二四四件目擊事件的分析結果，並否定了UFO的存在。

另有一份沒公開的所謂「GRUGE / BLUE BOOK報告書十三」記載了美國政府研究UFO的真相。一九七八年九月十八日，民間UFO研究團體「GSW」根據一九七四年的「情報自由化法」(FOI)，要求CIA公布UFO的研究資料，經過了四年的訴訟，「GSW」獲勝，使得CIA公布了三四〇件，厚達九三五頁的資料，這些「公式文書」並沒有記載對UFO研究正面的結果。而在此同時卻有一些機密性而沒公布的資料也流傳出來。

綠皮外星人現身

曾擔任美軍設在英國空軍基地情報分析工作的威廉、美格利斯對此機密文件做過分析與評估工作。依據威廉先生所掌握的資料顯示，附有許多外星人和飛碟的照片，有飛碟的外型、內部構造、動力機關與相關設備的照片和說明。此外，還有外星人的屍體解剖照片、細胞組織顯微鏡照片、解剖紀錄等。黑白與彩色相片合計有一百多張，文件共有六百多頁，文件上還有前美國西北大學天文學教授，也是美國飛碟學研究權威之一的海尼克博士簽名。

文件中所記載的外星人也分為幾種不同類型，有的耳朵很大，高高突起，眼睛像網球那麼大，皮膚是綠色的。眼睛中沒有眼白，也沒有眉毛。有些外星人則是大頭、大眼睛，還有小鼻子、小耳朵。有一張令人吃驚的相片，是一位活的外星人被士兵逼迫，在某一祕密設施的白牆前所拍攝。而外星人被送往俄亥俄州萊特巴達遜空軍基地，這是聞名的飛碟研究基地。

由文件中所附的外星人解剖照片來看，外星人由前額到屁股尖筆直的切開，消化器官和內臟等看起來很簡單，由於沒有肚臍，判斷可能不是由哺乳動物進化而來。

這些照片中有的外星人被切去半個頭蓋骨，仔細看頭蓋骨正中央被分為兩半，也就是說，外星人好像有兩個分別作用的腦。

外星人是爬蟲類？

依說明作判斷，外星人好像是爬蟲類一般，沒有生殖器，手指只有三根，另有一根相對的姆指，如果要在地球上找相似的東西來比較，那就像蜥蜴一般。手指與手指之間，似乎有蹼一般的東西，手和腳都沒有指甲，舌頭很小，幾乎看不到下巴，全身充滿了綠色液體。皮膚呈現灰色帶綠色，他們的生命形態可能以葉綠素為主。營養的吸收不是透過嘴部，而是與植物相同，由皮膚吸收，經由光合作用，將之轉為熱量。由於排泄也是經由皮膚進行，所以皮膚釋放出令人不愉快的臭味。

另一位曾擔夏威夷美國太平洋艦隊司令部情報分析工作的密爾頓．威廉．庫巴也曾閱讀過機密文件。依據庫巴的描述，此一機密報告中描述外星人生物學資料，文件厚達五百四十頁，還附有相片，其中有活外星人照片。由相片看來，外星人有特別大的頭和長至膝蓋的手臂，手有如螳螂般緊拉在前面，身材很小，與碩大的頭部不相配，身上似乎沒有肌肉，就像經年臥病在床的乾瘦老人一樣。

灰皮膚、綠皮膚代表不同健康狀態

一九四七年在美國新墨西哥州在飛碟撞毀現場曾擄獲四位外星人屍體，還抓住了一位活的外星人。而那位活著的外星人在一九五二年死亡，原因不明，而屍體曾進行解剖。依文件內容記載，到地球上的外星人暫時稱之為「灰色人」，有二種，一種叫作「大鼻子灰色人」，皮膚是灰色的，鼻子特別大，而另一種叫「小灰色人」。這兩種外星人在健康的時候，皮膚顏色都是接近綠色，當身體狀況不好或是長期吸收不到養份時，皮膚就轉為灰色。

「大鼻子灰色人」與MJ-12還簽訂有祕密協定，與帶有呼吸器的那種外星人是屬於同一類，小灰色人是大鼻子灰色人利用遺傳工程的生物技術所創造出來的人工生物。此外，在機密文件中還記載著MJ-12在接觸過程中，所得知的另外兩種外星人。其中一種個子較高，頭髮是金色，與地球人十分類似，暫稱之為「北歐人」；另一種外星人外觀也與人類相似，頭髮為橙色，暫稱為「橙仔」，文件中並且提及有另外兩類未曾接觸過的外星人。

外星人逐漸衰弱

外星人在長年累月演化裡，消化系統逐漸衰弱，因而無法發揮功能；由於消化器官退化，激素、氣體與體液也逐漸供應不足，為了解決這些問題，他們到地球來，把牛和人抓去以便攝取血液和體液。根據這些機密文件的記載，由一九四七年開始，美國各地不斷發生UFO墜落事件，美國政府曾由特遣部隊捕回了生還的外星人，並對外星人屍體進行解剖，而生還的外星人後來也陸續死亡。

UFO入侵國會大廈

一九五二年七月，美國發生了UFO史上有名的「華盛頓事件」。

一九五二年五月，美國首都華盛頓上突然出現了大批UFO，雷達上也偵測到，頓時引起騷動。七月十日前後在同一地區附近亦有多次UFO目擊報告出現，七月十九日晚上十一點四十分，華盛頓國機場管制塔台上的雷達出現了五架UFO，同一時間在安德魯空軍基地上空亦發現三個不明亮點。UFO最初是以時速一六〇～二二〇公里速度緩慢移動，突然間一架UFO以超高速（約一萬一千七百公里）向北方飛去。UFO並侵入國會大廈上空飛行禁區。

愛因斯坦參與UFO研究

美國海陸空軍總部立即集合討論處置對策，當時的杜魯門總統就打電話給物理學家愛因斯坦博士，愛因斯坦認為這是一種未知生命體的飛行器，不宜貿然發動攻擊。經與好戰軍事幹部交換意見後，杜魯門還是發佈了迎擊令，二架F-104戰鬥機隨即升空追擊，但UFO卻一瞬間消失在空中。

在這一件事發生的一個月前，新墨西哥州阿爾巴加契北部研究所內保護的一名外星人（一九四九年該州墮落UFO所回收的生還外星人），原因不明而死亡。而這次的華盛頓事件是否意味著外星人的示威行動？層出不窮的UFO目擊與墜落事件，使得美國政府企圖與這些外星人打交道，於是成立了所謂「SIGMA」計劃，一九四九年由捕捉的活外星人手中得到了高周波無線電器，美國政府開始嘗試與外星人聯絡。

邀約地球人共同合作

一九五四年一月，外星人終於正式訪問美國，地點是在新墨西哥州空軍基地。當時乘坐UFO而來的是身高一．三五～一．五公尺左右的矮小生物，眼睛向兩側吊，由頭到指尖穿戴著緊身衣物，唯一露出的臉部呈淺綠色，鼻子很大是其特徵。他們以心電感應表示係來自歐里翁星座，環繞在紅色星旁邊的行星。

「我們的星球已面臨死滅，以我們目前的科學無法斷定母星的壽命為何……」

「我們想與你們地球人共存共榮，所以想正式簽訂合約。」

美國方面司令官並沒有作正式答覆，此次只是先見面認識而已。第一次見面一個月後，美國政府首腦人物正式與外星人大使見面了。一九五四年二月二十日，地點在加州愛德華空軍基地。當時的艾森豪總統以休假名義在該基地等候外星使著的到來。

當天中午時分，三架銀白色UFO終於來臨了，基地佈滿了緊張的氣氛。銀色機體中央打開，走下了一位外星人。「我叫克利魯（Krill）。是外星人的大使……」克利魯被帶至特別室中會見艾森豪總統。克利魯提出了五項協定內容：

1. 外星人不干涉美國政府行動。
2. 美國政府亦不干涉外星人行動。
3. 外星人不得與美國以外國家簽約。
4. 美國政府對外星人之存在必須守密。
5. 外星人提供美國新技術。但美國政府需同意外星人利用動物及人類進行醫學檢查及遺傳工程實驗。

面對這些條件，尤其是生物體的遺傳實驗，美國政府當然不會答應。外星使者了解此一情況，就面對桌上放置的茶杯表演超能力，使茶杯浮在空中。

「我們的文明比地球進步五萬年。我們具有比地球高出甚多的科技文明，這下子你們總該相信了吧！」艾森豪召集了他的MJ-12研究小組人員商量，最後還是同意了外星人的條件，不過生物體實驗部分則約定不能將人類殺死，僅能採取細胞做實驗。左右人類命運的關鍵就在這種情況下決定了！

一九六〇年之後家畜慘殺事件，事實上是依據此一條約所進行的，但是除了家畜之外，並發現了也有人類被當作遺傳材料作實驗，甚至被殺死而沒有回地球來的情形。美國政府當然也知道這些外星人已片面毀約，但他們擁有高科技，美國政府又能如何呢？這是道道地地與惡魔簽訂的不平等條約。

美國總統上任時都會閱讀有關外星人與美國簽約的機密檔案，只有前總統甘迺迪看了之後，表示要公布真相，可能因為這些原因遭暗殺，也留下了千古未解懸案，因為在被暗殺之前，甘迺迪總統在哥倫比亞大學演講時，暗示要說出與外星人合約真相，而暗殺者也非如官方所公布的，另有真犯人是坐在前座司機（著者有相關錄影帶可證明）。

美國總統交接的外星情報

美國飛碟研究者吉米．詹德雷曾公布關於「MJ-12」的部分資料，他指稱，這些文件是由一位不明人士所提供的，裡面除了信件外，還附有一些底片。而底片的內容正是「MJ-12」文件。此文件是在一九五二年十一月十八日由美國前總統杜魯門交給新當選的總統艾森豪（註：艾森豪於一九五二年當選總統，一九五三年一月二十日就任）。

根據不明人士提供的資料，「MJ-12」小組共由十二位委員組成，為美國研究有關飛碟和外星人的最高機構。這十二名委員當時都由杜魯門總統直轄，除了總統之外，任何人都不得對他們發號施令。而且委員會還規定，如果總統職位有所變動，那麼將由後繼者接管小組。

勒薩在五十一區服務時的識別等級為MAJ就是與MJ-12有關。

MJ-12計畫的內容

這份被公布的「MJ-12」文件，事實上是杜魯門交給艾森豪的說明文件，內容如下：

【MJ-12作戰計畫】（此為MJ-12文件內容中文摘譯預備說明書）：

警告：本文件包括美國安全保障上不可缺少的情報，所以嚴禁MJ-12相關以外人員使用。禁止抄寫或影印複製。

給下任總統艾森豪的預備說明書

完成日期：一九五二年十一月十八日

說明士官：羅思克・H・希倫卡達（MJ-1）

MJ-12為極機密的調查研究和情報作戰計畫，由美國總統單獨負責。一九四七年九月二十四日，依杜魯門總統的祕密指示，設立MJ-12委員會掌控實施。

一九四七年六月二十四日，有一民航飛行員在華盛頓州的卡斯格特山脈上空飛行時，看到由九架碟狀物體組成的編隊，飛行速度非常快。儘管這類情況並非第一次被民眾目睹，但被媒體大幅報導卻是第一回。之後，目擊這類物體的報告有幾百件，其中不管是民間或是軍隊，都是由值得信賴的人士報告。

後來，基於國防理由，軍隊的各個部門開始對飛碟由何處來、目的為何等問題進行調查。軍隊透過對目擊者進行採訪和派出飛機追蹤飛碟等方式，盡力查明不明飛行物事件，但完全失敗。

儘管軍方全力調查，但這些物體幾乎無法正式查明。依據某一牧場主人報告，在羅茲威爾陸軍航空基地（現為奧克佛爾特基地）西北方一百二十公里處，有一不明飛行物體墜落，研究工作才有進展。

一九四七年七月，為了進行科學分析，開始祕密回收這一物體，而在此次回收過程中，偵察部隊發現了四具生物屍體，這些生物長得與人類很接近，墜落在離飛碟殘骸東邊三．二公尺的地方。

四具生物屍體死亡約達一週，因此屍體已經腐爛，加上又被野生動物啄食，明顯受損。為了對這些屍體進行特殊調查，目前已將屍體轉至他處。

另外，飛碟殘骸也分別送往不同基地。凡是參與此事件的民眾與軍隊成員均宣誓絕對保密。新聞媒體並成功地散布了假情報，讓公眾相信墜落的是氣象觀測氣球。

根據杜魯門總統直接命令，飛碟殘骸已由布希博士為首的科學家進行分析（一九四七年九月十九日），並有了研究成果，專家們推測這種飛碟是短距離飛行用的偵察專用機。此一結論主要是根據機體大小而做出的推測，但缺乏偵察機為哪個國家研發製造與派遣的證據。

以布倫克博士為主的研究小組，也對四具屍體進行了分析工作。這些屍體由外觀看來，與人類非常類似，但由遺傳學與生物學進化過程來看，則與地球人完全不同。這是到目前為止暫時得到的分析結果，在尚未定論前，布倫克博士的研究小組把這些生物稱為「地球外生命體」或「EBES」。

事實證明這種飛行物在地球上的任何國家都不存在，科學家們將焦點集中在探求這種EBES來自何處？以及為何要到地球上來？火星是其中可能性最高的地區。另外以梅西爾博士為主的科學家也認為，飛行物有可能是由太陽系其他星球來的。

這些專家還在飛碟碎片中發現了許多類似文字的東西，儘管使用各種方法分析，但沒能成功。而且，飛碟是使用什麼推進原理、材料與動力都無法確定。更難進行分析的是，這些殘骸上完全沒發現機翼、螺旋漿、噴氣引擎與其他常用的推進裝置。

為了要儘量收集這類飛碟的情報，一九四七年十二月，美國空軍設立了「Project Sign」計畫（信號計畫）。基於機密考量，「Sign」計畫與「MJ-12」計畫間的聯絡人員，只限於兩位空軍情資部成員。這兩位人員的任務是遵循既定途徑，進行情報交換。一九四八年十二月，「Sign」計畫擴大，並改為「Grudge」計畫（註：中文稱為「怨恨計畫」），也有另一個代號，即為世人所熟知的「藍皮書計畫」）。此一研究目前係以藍皮書為代號進行。藍皮書計畫的成員則由空軍軍官中挑選而出。

一九五〇年十二月六日，推測是來自同一星球的飛碟，經過長時間飛行後，高速墜落在靠近墨西哥邊境、德克薩斯州的耶魯伊第奧格洛地區。搜察隊在趕往該地區時，物體殘骸已全燒成了灰。

一九五二年五月初開始到秋天，飛碟的活動更加頻繁。但目前並沒有新的解決方法。因此建議對外保密，並擬定「非常事態計畫」，以應付事實外洩時的情況。

艾森豪首簽合作合約

美國「MJ-12」文件裡，還記載了美國總統艾森豪於一九五四年與外星人見面的情景。當時艾森豪曾失蹤了十八個小時，據白宮人員聲稱，總統是去看牙醫，可是查遍紀錄卻沒有總統就醫的資料，事實上，艾森豪是到洛杉磯附近的空軍基地與外星人見面。

艾森豪之後的歷任美國總統均曾與外星人見過面，並簽訂了合約，由外星人教導美國高科技，彼此合作進行遺傳工程研究，改良各種生物；美國則提供動物作為遺傳實驗材料，才會有外星人綁架地球人事件及牛隻虐殺事件。

美國軍方情報人員亦曾在一九六四年與外星人在霍洛曼基地會談了大約三小時，一九七一年並在同一地點做二度會談，此後會談持續不斷，而歷任美國總統如甘迺迪、尼克森與雷根等人均曾參與。

美國政府一直否認當局進行「飛碟研究」，也否認有所謂的「MJ-12」小組。但自一九五〇年代開始，美國民間成立了許多UFO研究機構，壓迫政府公布事情真相，再加上一九七四年爆發了水門醜聞，美國議會修改了資訊自由化法案，更迫使政府不得不公布部分資訊。而另一方面，由於外星人取材牛隻以及綁架人類的新聞不停傳出，更加激發了人們對飛碟事件的興趣與探討，因此「MJ-12」的祕密，也逐漸被民間所瞭解。

UFO解密，關鍵是元素一一五

根據曾參與地下基地研究工作的美國物理學家羅伯特．勒薩博士表示，UFO飛行原理並非利用作用與反作用力的推進原理，而是利用反物質反應爐（anti-matter reactor），自己產生一個重力場。

UFO雖能超光速飛行，但由於宇宙範圍太大，各行星距離過於遙遠，因此，通常不以超光速飛行。UFO自行產生重力場，重力使得時間及空間產生歪斜，如同柔軟的水床上，將一顆保齡球放在中間，則水床必然歪斜一樣。**UFO利用重力場的力量使宇宙的空間及時間產生歪斜重疊，而快速的到達所希望地點，歪斜角度稍有變化，則進入的空間就不一樣，這也就是為什麼UFO能隨時消失又突然出現的道理。**

UFO所使用的反物質反應爐中，所利用的化學物質原子序一一五當時在地球上並不存在。而依元素週期表的規律性，**一一五號元素作為反物質反應爐的燃料，只要一公斤就可產生四億五千萬噸炸藥所產生的能量**。而據說美國政府已擁有此元素五百磅，藏在地下基地進行UFO的研究。

元素一一五具有放射性，能量的產生主要還是利用低溫核熔合的原理，將宇宙間的能量進行「交換作用」，而得到重力場所需的能量。地下基地有一間遺傳工程實驗室，進行一些令人毛骨悚然的實驗。例如，以新基因製造奇形怪狀生物，包括與人類相似四隻腳的章魚，超巨大體型爬蟲類，人類小嬰兒但全身長毛、並會發出怪聲的生物。此外，像魚、鳥、老鼠等也都經過改良，外觀極為特殊。有一個巨大的檻子，當中的生物是類似猿猴的人類，身高約為一～二公尺左右。

飛馬計畫，穿越時空預知下任總統

美國政府在第二次世界大戰前後，由希特勒轉移時空技術，加上搜括了特斯拉電磁技術，之後又執行過費城實驗及蒙托克計畫之後，加上阿波羅計畫探討外太空，美國政府就籌畫將「時空移轉技術」與「火星探測」相連，於是發展出一項機密的飛馬計畫（Pegasus project）。

這是指運用心靈傳輸的方式，祕密建造火星，也是美軍基地的專案最常見的穿越時間之一。這是美國政府在很長的一段時間內，一直試圖隱藏起來的一系列「黑色行動」項目，**「飛馬計畫」中有一百四十名學童參與一項令人刮目相看的數組時空實驗**。

二〇一〇年時代雜誌選出十大有趣的發明及荒謬的新聞，其中有一項由一位律師兼作家安德魯柏西哥（Andrew D. Basiago）所透露的**「時光旅行」**計畫。

出生於一九六一年的安德魯柏西哥是美國人，他表示從童年九歲（一九七〇年代）就開始參與這項時光旅行計畫。他不僅是畢業於劍橋大學的法理學博士，也參與了華盛頓州和火星的異常研究會，其中有美國國防部高等研究計畫局（Defence Advanced

Research Projects Agency，DARPA）祕密程式，這一**DARPA祕密程式，涉及的「時間旅行」是為了確保今後的個人利益，包括：如果誰擔任美國總統的話，將會告訴或提供這些人命運方面的情報。**

Knowledge base

時光機的穿梭原理

稱為time-space的時光機很小，成年人鑽不進去，這種裝置由兩個灰色的橢圓吊桿所組成，此吊桿高約八呎，兩者相距約十呎，中間有一塊發出微光的帷幔，該帷幔會散發所謂的輻射能量（radiant energy），這種能量據稱散佈在宇宙中，具有能扭曲時空的屬性。

參與時間旅行的人經由這個輻射能量場進入一個隧道口，當隧道關閉時，這些人就已經抵達目的地，參與者不是感覺快速移動，就是完全不動，因為宇宙被纏繞在其所在位置。

柏西哥曾透露在一九七〇年代初，他已故的父親弗蒙德．柏西哥（F. Basiago，一位為祕密航太專案公司工作的工程師），在教區長陪同下，到新墨西哥州阿爾伯克爾基（Albuquerque）出席一場午餐會時，見到未來的美國總統喬治老布希和小布希；不久之後，他們被告知，雙方將在某一天成為總統。

在此一計畫中，柏西哥親身回到過去，同時拍下照片，小孩還穿著大人鞋子，那是在一八六三年，林肯總統於蓋茲堡演講時拍下的。這就是DAPPA當時所執行的「飛馬計畫」，地點是蓋茲堡，他利用心靈傳動移動人或物體（telport）；時光機把小孩送進去，但不能送成年人，因為小孩較單純。

柏西哥也曾在一九七〇年代初，用時間旅行科技DARPA程式確定了未來的美國總統是卡特和柯林頓，一九八二年在加州洛杉磯也曾會見了未來的的總統歐巴馬先生，當時是柏西哥出席加州洛杉磯西方學院集會時和歐巴馬見面的，那時他還是哥倫比亞大學的學生，該次拜訪是由加州洛杉磯西方學院主辦，歐巴馬的同學聯盟主持，是一項推行反對種族隔離的運動集會，歐巴馬那時才二十歲，卻已經預知他有一天會當美國總統。

DARPA程式能夠在一九七一年確定卡特先生能成為未來的美國總統，是由於該程式截取了一段宇宙文本，其中有政治方面單元的未來副本，內有一本預言書籍，書的內容是以時光倒流程式獲得的資料。

Part 5

火星移民計畫

曾參與「飛馬計畫」的柏西哥也表示火星計畫的創始人，白馬計劃隊長，一九八一年以「心靈傳動移動方式」被瞬間傳送到火星，他發過的論文為—在火星上發現生命，證明火星是有生命存活的星球，很適合人類居住。

歐巴馬曾造訪火星殖民地

柏西哥曾祕密研究由美國國防機構參與進行的火星發展項目，自己也曾到過火星，證實美國擁有火星祕密基地，美國運用心靈傳輸的方式，早已隱形建立火星美軍殖民地，並與火星高智慧生命有所聯繫。事實上，在過去幾十年間，美國已藉由火星心靈傳輸瞬間移送許多人到火星，進行了許多驚人的往返旅行。

有二名自稱是前CIA的成員表示，曾在一九八〇年代的登陸火星計畫中看見美國總統歐巴馬，這二名爆料者堅稱，歐巴馬至少造訪過火星二次，而且當時他也不叫「歐巴馬」。

空間移轉技術，到火星輕而易舉

這二名男子其中一位就是柏西哥，另一位則是威廉・史提林（William Stilling），他們兩位表示，在一九八〇年代曾參與CIA最高機密計畫，透過「空間移轉」直接傳送到火星；當時總共有十個美國年輕人被選中，其中一位就是現在的美國總統歐巴馬，他那時候名叫貝瑞索伊多羅（Barry Soetoro）。

這兩位爆料者還說，美國DARPA現任局長杜根（Regina Dugan）也在他們的行列之中；而那間神祕的空間移轉房間，就設立在洛杉磯機場附近，至於此計畫的目的可能是CIA為了打造外太空的防禦線，試圖在火星建立一個殖民地。

著名科技雜誌《Wired》為比向白宮求證，國家安全委員會發言人維特（Tommy Vietor）只簡短反駁說，「歐巴馬從沒去過火星！」

二〇〇二年有一本敘述「特斯拉火星之旅」的書出版，就是Sean Castee: Nikola Tesla Journey To Mars: Are We Already There? September 15，二〇〇二。其實，特斯拉可能在近代科學所認可的飛機發明者萊特兄弟乘坐「小鷹號」起飛之前，就已掌握飛行技術，並曾參與過一個探討飛行的祕密組織，並協助此一祕密組織的成員實現他們「征服」天空的飛行夢想計畫。

特斯拉曾致力於與火星人交流的構想與規劃，他將全部精力和設備投入研究「反重力實驗」及「使用自由能源」以進行星際旅行，美國政府獲得了特斯拉這些第一手資料，除了列為機密不公開外，也自行持續祕密探討。

二十世紀一九四〇年代，希特勒也獲得了特斯拉的「太空飛行」技術資料，並試圖在月球上建立殖民地，也期望能親身前往，有些研究人員認為他的計畫是成功的，希特勒還在二次大戰後一直在美國存活並與美國交換條件，早就在遙遠的宇宙建立了新世界秩序基地，目前科學家正在為全球「祕密影子政府」工作，並定期的在地球和太陽系其他行星間來回往返。

Knowledge base

太空船的墳墓

人類探索火星的歷程已超過半世紀，自一九六〇年前蘇聯發射火星探測火箭後，人類便開始探索火星，此後前蘇聯、美國、日本、解體後的俄羅斯和歐洲總共向火星發射了共約40支探測火箭，可是有超過60%以上均失敗告終，也正因如此，火星被稱為「太空船的墳墓」。

火星服役二十年的麥可見證

二〇〇〇年斯蒂芬妮．雷爾富（Stephanie Relfe）出版了兩本書火星記錄（The Mars Records）第一及第二部，兩部書是描述她已故丈夫，也是火星殖民的見證人麥可．雷爾富（Michael Relfe）揭發真相的真實故事。

麥可是前美國武裝部隊的成員，一九七六年美國執行火星祕密殖民計畫時麥可是長駐人員，因此被該計畫招募，一九七六年他被瞬移傳送到美國的火星祕密殖民地，職位是常任理事國工作人員，麥可在火星殖民地服役了了二十年。火星時間一九九六年，麥可透過瞬移傳送時間旅行將其年齡倒回二十年，在一九七六年的美國軍事基地內著陸，然後他在地球上的美國軍方單位又持續服役了六年，直到一九八二年才離世。

麥可曾表示就他所記憶所及，前往火星祕密殖民地的人分為兩類：

1. 短暫訪問火星的政客們，這些人不是經由時間旅行方式，而是透過「跳躍星門」（jump gate）來回往返火星，他們通常訪問幾個星期，然後返回地球。在火星祕密殖民地是貴賓，可是活動範圍只限於規定區域。

2. 長駐在火星的工作人員，工作週期達二十年之久，這些人的工作週期結束時，他們的年齡會被逆轉，時間投射回到地球的時空原點，然後被送回地球並鎖住記憶，他們被送回後就完成其在地球上的天命。

Knowledge base

火星人有不同種族

麥可也曾提及在火星祕密殖民地有爬蟲類人和灰人，而且各有其功能，住在火星的外星人按種族分，有龍人、爬蟲類人及灰人等，爬蟲類人大部分時間都躲在他們的住所中，爬蟲類人喜歡表現得像地球人類，藉以掩飾看上去很兇猛的外貌。

麥可在一個「生理回饋（biofeedback）」測量記錄的治療中，恢復在火星服役期間隱藏的記憶記錄。「生理回饋」是心理學上行為治療的一種，利用儀器記錄個體無法直接知覺的生理活動狀態；如：心跳速率、血壓、體溫以及肌肉張力等，再以聲音或視覺等方式回饋到個體，麥可的太太斯蒂芬妮具有此種專業治療的專業。

麥可的行為治療開始於一九九六年，在治療期間有兩項發現，其中之一是麥可作為美國海軍一員，他在早已經建立的火星基地裡服役了二十年。利用可視化的時間線能夠幫助解釋這一現象，當麥可被海軍招募，當初是生活正常時間線，後來透過「跳躍星門」被帶到火星服役了二十年，活動空間則是在地上的混合型建築和地下設施內。

Knowledge base

跳躍星門的真正目標

「跳躍星門」是費城實驗技術成果的延伸，「蒙托克計畫」的技術並非只停留在實驗階段，在麥可服役的期間中，這項技術已經被用於實用階段的練習了。

火星基地的建造項目已完成這一火星殖民使命的目標，然而計畫的終極目標是希望利用「跳躍星門」技術，進一步到另一星系的其他行星上去殖民。在一次遠程連接信息清理期間，麥可瞭解到火星基地僅僅是被當作到其他星球建立基地的一個跳板。

艾森豪孫女揭發秘密合作真相

更令人覺得不可思議的，是連艾森豪總統的曾孫女蘿拉（Laura）也揭發了祕密殖民火星計畫的真相。

美國前總統艾森豪的曾孫女蘿拉，在國家環境衛生、生態系統、煉丹術、形而上學和古文明等神秘學方面，有廣泛的興趣與知識基礎。她也涉及科學認證、荒野探險的領導、自然康復和建築學。她是一個神話學家、全球戰略策劃與遙視醫治者，也是地球的保護者和藝術家。蘿拉曾在一場公開場合中揭露了由二〇〇六年四月到二〇〇七年一月間，她透過一個祕密的火星殖民的招聘計畫活動而得知殖民火星計畫的。

外星人傳授「遠距離心靈傳輸」

蘿拉表示，在與一個非營利的政治組織人員的接觸中，發現自己成為時間旅行的可能人選而成監視目標，實際上有一些受過訓練的情報人員在火星殖民計畫中企圖操縱她。蘿拉的一位同事凱利亞，是史丹福大學藝術家和未來學家提供了佐證，並說明所謂的火星殖民計畫是為應對美國研發的氣象兵器，如：HAARP或生化武器所導致的自然災難；諸如太陽耀斑風暴的可能傷害，以防萬一，為地球人類保存他們的文明提供一個機會。

有越來越多的人加入到揭露祕密火星殖民計畫，艾森豪蘿拉和其他人陸續說出火星殖民計畫中所研發成功的祕密應用科技，事實上是和美國軍事情報機構與外星代理人的祕密關係行動。

艾森豪總統的曾孫女蘿拉和她的朋友凱利亞披露出的事，證實了洩密者柏西哥律師提供的美國祕密政府用「時間旅行科技」對某些特定人士祕密監視的事實，他們的指控與柏西哥所透露的情況完全，在一九八一年有兩次由中央情報局「遠距離心靈傳輸」種下禍根。

蘿拉在一個政治性的網站中寫道：「我的曾祖父艾森豪總統曾率領聯軍戰勝希特勒，為剷除地球上邪惡腐敗的權力，參與了一些了歷史上最具挑戰性的事件。當我長大後，我能感覺到，我是他完成這一奮鬥的力量源泉。當希特勒的納粹集團破滅後，包括那些地球內部或外地的外星人都失去了活力。他們必須繼續尋找代理人和精英族類，去達成一項透過索菲亞（Sofia）靈媒或神聖本質的恐嚇策略來控制和支配來完成協議」。

X代理人意圖馴化地球人

蘿拉曾在她的聲明中詳細說明了自己如何成為祕密火星殖民專案的目標，與她合作的是「X代理人」，這個人主要擔任祕密火星殖民項目的「馴化者」角色。最後，她也承認「X代理人」知道非常多關於她複雜的身世淵源，那些共濟會（Freemason）、聖殿騎士團（The Knights Templar Of The Templars）等神秘組織，是在背後協助政府建立祕密的火星任務。這些人員知道蘿拉能夠使用遙視和時間旅行裝置，他們同樣還聘請共濟會和聖殿騎士團的那些清楚蘿拉血脈的人共同參與，他們似乎都有某種聯繫，但有人善於利用一切資源，並試圖把蘿拉及其朋友結合在一起成聯盟。

凱利亞是一個優秀有才能的人，是一個創新領域的多種科學設計顧問，她證實了蘿拉如何作為一個目標，被影子組織下的祕密火星殖民計畫利用，來使用「時間旅行」和「外星定位技術」。

凱利亞指出二〇〇六年春天在華盛頓特區，她見到蘿拉和「X代理人」，他聲稱知道自己家系族譜，並與獵戶星座有所連接，也一些祕密社團，如：聖殿騎士和共濟會有關。「X代理人」和蘿拉很快形成了親密的關係，凱利亞為他們進行了「神聖聯盟」成年禮儀式。

X代理人透露，他的小組已經確定蘿拉就是他們要的人選，透過她的血脈，也就是曾領導盟軍打敗希特勒的美國總統艾森豪曾孫女。此外，他們知道她也是索非亞及愛希斯（Isis）的轉世，因為自從她年幼時，很多靈媒就認出這些現象。她還表示，她的小組對她的雙胞胎兒子感興趣，因為是那表示了Romulus和Remus（羅馬創始神）

在馬雅預言中兩位英雄的原型。

凱利亞並說明，他們有很多候選人的名單，蘿拉是其中之一，他們的目標是她的心靈，這些人擁有電磁武器或心理武器裝備，許多人甚至試圖摧毀他們整個一生。「X代理人」及他的父母都被植入了晶片，並有多種人格障礙，經常有突發的機械式行為和非常嚴重的虐待行為，這證據均足以解釋是遭到MK-ULTRA試驗迫害的典型特徵，和濫用血源繼承神秘儀式的結果。

火星未來式，電影情節成真

凱利亞的結論為：他們對蘿拉及其夥伴的資料似乎是透過「時間流裝置」收集到，所以可得知他們曾以「心電感應」方式招喚「獵戶星座」、時間旅行電子設備的所有主線部分、最高祕密的應用科技等。

二〇〇六年八月蘿拉及其家人要搬到北卡羅來納州，大家住在一起是想弄清這整個事情，「X代理人」一直說服蘿拉，並說明她的理想和使命將不會被忽視。因此才對蘿拉採取積極行動，這時候情況突然轉變，儘管往返火星現象規律地重覆出現，但蘿拉就是沒有一種安全的感覺，總覺得這是被一個隱藏的計畫幕後策劃建立的使命，企圖破壞蘿拉與外星的結合並擁有控制權；並協助他們在火星重新播種文明。蘿拉當時只是感覺到，因為她的行為改變和波動往往影響很大，所以也對這任務增加了恐慌和劇烈衝擊，最後也離開火星殖民祕密計畫。

對於祕密火星殖民計畫，蘿拉和凱利亞等人要求進一步公開調查。蘿拉要求對此展開進一步調查，需要把大量的揭發資料整合起來，更重要的是找出真相，而世界各國領導人應該坦誠公開他們的機密檔案，如：刻意被掩飾的外星生物及UFO資訊；更深入調查有關應用科技，如：ELF和HAARP的運作和使用。

人類移民火星構想曾以科幻電影方式呈現，一九七七年四月一日在英國首映的電影「第三種替代性選擇」（Alternative 3），就描述過移民火星的故事，依電影中所描述，科學家認為持續污染將導致地球災難性的氣候變化，地球表面將無法支持生命的永續生存。因此有人建議，**解決這一難題有三種替代性選擇：**

第一種選擇是涉及在高平流層引爆核彈，以擺脫污染；

第二種選擇是建造一個適當的地下城以及深層地下軍事基地；

第三種選擇，即所謂的第三替代性選擇，是透過月球為中轉站移民到火星。

另一推動火星祕密殖民計畫的動機，是為了逃避太陽系災難或核子戰爭，以及保存人類基因組，地球的潛在的主題「大災難和核戰爭」，似乎在主導一個軍事安全組織準備好實現佔領火星和太陽系的構想，然後藉此來操縱人類的自由意志，儘管一九七七年在英國公映的那部電影可能是一個虛構的小說或科幻，但電影中所談及的第三替代性選擇，似乎也暗示著一個真正的祕密火星殖民計畫，麥可敘述他第一次來到火星殖民地是在一九七六年，而柏西哥表示他被瞬移傳送到火星是在一九八一年，僅僅四年之後第三替代性選擇就以科幻方式向公眾發佈。

另有「第四替代性選擇」，那是指人類的一個新的意識次元，脫離了二元現實永恆的對抗結構，主要針對地球被環境污染或戰爭、太陽風暴頭及其他自然災害永久破壞的一個祕密的逃亡殖民計畫，是為被預先精選出的人類基因組樣品做準備。

移民火星還有一項問題要解決，就是如何改變火星環境以適合人類居住，而美國也為了改變火星環境，間接造成了近年來地球暫時暖化現象。

地球暖化肇因外太空計畫

地球暖化現象是近年來全球熱門話題，而元凶都指向人為因素所釋放的二氧化碳，在美國前副總統高爾「不願面對的真相」發布後，似乎全球都是一言堂的認定暖化原因就是溫室氣體，很少有不同看法與言論，但地球暖化真相到底如何確實值得探討，而也唯有瞭解真相後才能討論與暖化議題相關的綠色環保生技產業。

地球是暖化還是變冷？

「地球暖化」指的是在某一段時間中，地球的大氣和海洋溫度上升的現象，目前大多數人都認為是人為因素造成的溫度上升，主要原因很可能是由於溫室氣體排放過多造成的。

科學家認為，二氧化碳和其他溫室氣體的含量不斷增加，是全球變暖的人為因素中主要元凶。燃燒化石燃料、破壞森林與生態等，都增強了此種溫室效應。

大多數人相信減少二氧化碳排放量可以減緩全球暖化的影響。

但由於氣候變動是以一千年為單位，也有科學家認為事實上地球是在變冷，此一理論在過去二十年是主流觀點，但近年卻被地球暖化主流理論所掩蓋了。地球曾經歷過四次冰河期，在距今五．七億到六．八億年前的前寒武紀，地球經歷了第一冰河期。該次冰河大規模覆蓋了澳洲、歐洲、美洲和亞洲部分地區；在四．一億到四．七億年前，地球遭遇第二冰河期。此次冰河覆蓋了非洲、南美洲、歐洲、北美洲北部地區；地球的第三次冰河期是在二．三億到三．二億年前，冰河覆蓋面積擴大至整個南半球；而第四紀冰河期是從二百五十萬年前開始並一直持續至今，有人認為地球目前仍在第四冰河期。

一份美國五角大廈研究報告中指出，地球變冷的說法也必須重視，科學家探討格陵蘭島冰塊，探討過去八千二百年間溫度變化情形，推測地球暫時性暖化現象可能只會持續到二〇一〇年左右，之後十年會與地球八千二百年前一樣，將會迅速冷卻；到了二〇三〇年北半球持續低溫，新冰河期是否提前到來？美國政府很可能並沒說出真相。

地球暖化並非禍害？

整體而言，現在的地球是地質史上相對比較寒冷的時代，**地質史上曾有地球氣溫達攝氏八十多度的時代，也正是生物繁盛的時代，全球暖化有助於生態系統的更加穩定**。全球暖化將使全球熱量上升，使得農作物的播種範圍擴大，再加上空氣中二氧化碳濃度增高，空氣中的水氣增加，有利於降水，所有這些因素，有利於農業的發展。

可是近幾十年來，全球平均氣溫波動均在攝氏〇．六度以內。這麼小的氣溫變率是正常現象，所以有人認為全球暖化不是二氧化碳造成的，二氧化碳在大氣中的溫室效應有待進一步評估。

目前全球每年大約有七十億噸二氧化碳排放出，其中三十三億噸殘留在大氣中，二十億噸被海洋吸收，剩下的十七噸則被植物與藻類行光合作用轉成碳水化合物，與呼吸時吐出的量相比，雖依季節及植物品種雖有些差異，但總吸收利用量是高於放出量。所以二氧化碳是造成地球暖化的主因可能是被誇大了。

二〇〇七年七月十五日俄羅斯科學院地理學研究所和海洋學研究所服務的科特利亞科夫和莫寧院發表研究報告：儘管近年來大氣中的二氧化碳含量一直持續增加，但在不久的將來人類看到的情景將是——全球氣溫將進入變冷期。目前全球變暖的現象其實並非二氧化碳之過。

兩位院士認為，全球氣候變暖的現象在地球上已經重覆多次了，全球變暖不是科學上通常認為的，是由大氣中二氧化碳含量增加導致的。在最近十萬年的時期內，全球氣候溫度的升高總是發生在二氧化碳含量增加之前，而不是之後。當大氣溫度開始下降時，二氧化碳的含量甚至還會持續了二～三千年。

研究人員在分析了五千年、二萬年、十萬年間大氣變化的數據後發現，每一次全球變暖時，大氣溫度和二氧化碳的表現都是一樣的：

首先，大氣溫度開始升高，而二氧化碳含量的增加則要延遲幾千年。大氣中二氧化碳含量增加的速度要比大氣溫度升高的速度快，一段時間後二氧化碳含量增加的速度就會超過溫度上升速度。

當溫度開始下降時，二氧化碳的增長還會持續一段時間。二氧化碳的含量開始下降時，其下降的速度也會超過大氣溫度下降的速度。這樣的狀態一直保持到「凍結階段」。

因此上述的規律性能在十萬年這樣這麼長的時間內發現，所以如果在二萬年這樣比較短的時間看來，就會發現大氣溫度的提高永遠跟在二氧化碳含量增加的後面。對於這種現象，目前科學上還難以解釋。

火星殖民計畫才是暖化主因

這是很勁爆的話題，很少人討論，更不受重視，但與地球暖化卻可能有關。美國為了塑造太陽系其他星球及其衛星，執行了木星與土星太陽化計畫，這就是「路西法計畫Lucifer Project」（參考網址：http://www．rinf．com/news/nov05/lucifer-project．html），此計畫與伽利略號有關。**「伽利略號（Galileo）」**是美國太空總署一艘無人太空船，專門用作研究木星及其衛星，以文藝復興時期義大利天文學家伽利略的名字來命名，一九八九年十月十八日由太空梭亞特蘭提斯號運送升空，任務名稱為STS-34，伽利略號於一九九五年十二月七日接近木星。

「伽利略號」是首次圍繞木星公轉，對木星大氣作出探測的太空船，在前往木星的旅程中，發現了首個屬於小行星的衛星，由於燃料的消耗，且在發射前並未進行無菌處理，為免與木衛二碰撞，造成污染，「伽利略號」被安排轉而撞向木星摧毀，它於二〇〇三年九月二十一日以每秒五十公里的速度墜落木星大氣層，結束長達十四年的任務。

事實上，「伽利略號」使用的推動燃料是鈽（plutonium）-238，這是放射性物質，會產生高熱，「伽利略號」共載有二十三公斤的鈽，滿載放射物質的太空船去撞擊太陽系中某一行星，這在美國NASA是首次經驗。此撞擊結果使得木星氣象及環境開始發生異常反應，如果產生連鎖核反應，是否有可能使木星逐漸成為第二個太陽而發光呢？誰都無法預測，而科學家最近也的確觀察到木星的一些異常活動，這就是「路西法第一計畫」。

「路西法第二計畫」則是改造土星計畫，目標則是土星、衛星地球化（適合人居住），土星已知的衛星有二十二個，最大的是土衛六，是太陽系第二大的衛星，是唯一有大氣層的衛星，與探測木星相同，探測土星也有卡西尼號太空船。

Knowledge base

關於卡西尼號太空船

「卡西尼—惠更斯號（Cassini-Huygens）」是美國國家航空暨太空總署、歐洲太空總署和義大利太空局共同的合作項目，主要任務是對土星進行空間探測。卡西尼—惠更斯號土星探測器是人類至今為止所發射規模最大、複雜程度最高的行星探測器。卡西尼號探測器以義大利出生的法國天文學家、土星光環環縫的發現者卡西尼的名字命名，其任務是環繞土星飛行。惠更斯號探測器是卡西尼號攜帶的子探測器，它以荷蘭物理學家、天文學家和數學家，土衛六的發現者惠更斯的名字命名，任務是深入土衛六的大氣層，對土星最大的衛星土衛六進行實地考察。

NASA在二〇〇八至二〇〇九年之間讓卡西尼號去撞擊土星，而將大量的鈽-238放射性物質注入土星，卡西尼號所搭載放射物質量是伽利略號一．五倍左右，撞擊土星後，也使土星產生重大變化，**最終目標是想達到土星太陽化目的**。

科幻電影《第三類選擇》中人類將移民火星，但只有一部分人可成行，事實上科幻都有一些科學理論基礎的，目前美國所執行的「路西法計畫」就是「第四類選擇」的一部分，也就是改造太陽系計畫。

科學研究常會有違離研究當初所設計的期望結果，「路西法計畫」也是如此。當木星受到伽利略號撞擊後，開始發生變化，沒想到結果是破壞了原有太陽系自然平衡，太陽黑子異常活動可能與此有很大關聯，進而導致地球暖化。

所以地球目前的暖化除了人為破壞地球生態之外，美國企圖改變整體太陽自然平衡可能才是真正元凶，人類一旦違背自然可能都會自食惡果的。

因此，地球是否暖化及其原因的真相其實尚不清楚，但很明顯與火星殖民計畫有關。

與外星人合作基因改造

二〇一〇年八月南亞地區出現了耐藥性的超級細菌（superbug），已有人感染死亡，感染者雖施以強效的抗生素colistin，卻仍不治，可說簡直是無藥可剋，這種細菌原始所在的中心地可能是印度和巴基斯坦，該菌基因能在多種病菌間流竄，能抵抗幾乎所有的抗生素，包括人類治病最後手段的碳青黴烯（carbapenem）類抗生素都束手無策。

為什麼隨著生物醫學的進步，疾病種類不減反增，老祖母年代根本沒聽過癌症，一九七〇年代之後出現了所謂「新興病毒」，如：一九七三年的輪狀病毒、一九七七年伊波拉病毒及退伍軍人症候群、一九八一年中毒性休克症候群、一九八二年萊姆病、一九八三年出現愛滋病、一九九一年多重抗藥性結核病、一九九三年O-139型霍亂、一九九四年隱孢子型感染、一九九八年禽流感、一九九九年西尼羅病毒、二〇〇三年SARS、二〇〇四年馬堡病毒、二〇〇六年狂牛病、二〇〇九年豬流感，以及二〇一〇年新流感及超級細菌的出現等，人類似乎已進入另一病毒戰爭的時代了。

這些新興病毒來自何方？有許多不同說法，一說是人類長期破壞熱帶雨林，在其中永久休眠的病原生物，由於棲息地受破壞於是重新復活，附著在某些生物身上（如蝙蝠），到達文明地區造成疾病；另一說法是由於地球暖化效應，使得南北兩極泳層融解，在永冰底下的古細菌重現江湖所造成的結果，第三種解釋是來自外太空，目前已有証據顯示，生命起源與其他星球有關，地球最高點是喜馬拉雅山，由於地球的自轉，外太空包含病菌在內的有機體，沿喜馬拉雅山麓而下，這可以說明為何超級細菌

人造病毒來自外星基因

最令人震撼的說法便是這些病毒是人為的，也就是基因工程改造的生物流落人間所造成的。二〇〇四年，一本名為「二五七實驗室」的書震撼了全球，書中披露了一個令人震驚的祕密，在緊鄰美國紐約市的普拉姆島上，有一所機密生化實驗室，目的在研發基因武器。從一九六〇年代到本世紀，在美國本土先後莫名其妙出現的萊姆關節炎、變異口蹄疫、西尼羅河病毒等怪異的疾病，可能是源於該實驗室，而最大可能是美國與外星合作實驗的結果。

有愛因斯坦第二之稱的偉大科學家霍金曾多次指出，外星人是存在的，在本世紀結束前，某一種「世界末日」的病毒有可能使人類在地球上絕種，人類唯一的出路就是移民到太空。

目前傳出這種基因武器已呈現多方面的應用，一是賣給大藥廠研發解藥，再散播病毒賣解藥圖利，一是針對消滅特定種族，也就是對該種族基因特性，研發基因武器。有人指出，SARS是美國要消滅華人的基因武器，另一應用則是農業競爭手段，如：蜜蜂突然大量，這些都是合理的懷疑。

近來全球陸續出現了許多生物分類上所不曾見過的生物，UMA（Unidentified Mysterious Animals），如：吸血怪獸卓柏卡布拉（Chupacabra），飛棍（Flying Rods），UFC（Unidentified Flying Creatures）以及超級細菌等，這些是否都是基因武器之一呢？

1.「現代生物技術所」塑造生物——神話正在逐步實現「化腐朽為神奇的生物技術」。

＊如果有一棵植物，它的根部結馬鈴薯，地上部分則長出番茄，那該有多神奇！

＊如果小老鼠長得像兔子一樣大，那有多可怕！如果將白米、葡萄等釀酒原料，放進玻璃容器內，不久在瓶子裡就可得到芳香的酒，不是很方便嗎？

＊大家知道螢火蟲會發光，假若能將螢火蟲的光在工廠中大量生產，則是一項取之不盡、用之不竭的方便能源。

這些現象有如神話一般，但經由生物技術，這個「天方夜譚」可以逐步實現。**生物技術**就是利用動、植物，還是微生物的特性、機能或成分，來製造產品，用以改善人類生活的一項技術。

我們的祖先早就有利用生物技術的經驗，但由於那時候沒有像今天這樣的科學常識，並不知道原因，而且這種利用只限於發酵食品，如：製造醬油、味噌、酒、醋等。到了二十世紀初期，科學家利用生物技術生產各種藥物（如：感冒常用的抗生素）、氨基酸（如日常用的味精調味料等）。

一九七〇年以後，人類發展出遺傳工程及細胞融合等新技術，才將傳統發酵技術融合新發展出的技術，總稱為「生物技術」。

「生物技術」包含的範圍很廣，有傳統的發酵食品製造技術、近代發酵工業技術、遺傳工程技術、細胞融合技術、組織培養技術、酵素技術以及大量生產工程技術等。

透過這些技術，將可使腐朽為神奇，許多以往認為不可能的事都可望逐一實現。

另外一項重要的生物技術叫「細胞融合」。德國的科學家曾經在一九七〇年代，將番茄及馬鈴薯的細胞融合為一，而這一個來自兩種不同種的生物的「融合細胞」，將同時具有雙方的優點或缺點。若將融合細胞在實驗室培養，也可以長成植物，長成的植物就成為同時結馬鈴薯與番茄的怪物，我們稱它為「番茄薯」。

番茄薯育種的成功，代表人類生物科技上的另一項突破；藉由細胞融合技術，科學家已得到許多可用在農業、工業及醫學上的新產品了。

遺傳工程創造未來生物

大家一定注射過B型肝炎疫苗，你可知道B型肝炎疫苗是如何製造？目前最新的方法是利用遺傳工程來生產。

什麼是遺傳工程呢？在瞭解之前先要知道遺傳基因的本質。「遺傳基因」是由兩股像梯子的化學物質彼此纏繞成雙螺旋的物質，因為遺傳基因與生物體上的許多特徵，如：眼睛顏色、身高、皮膚外觀等都有關，生物體的遺傳基因可以下命令叫身體按照基因上的密碼表現出各種特性。

科學家想到：假若能夠將基因重新排列組合，也許可以製造我們所希望的任何東西。於是科學家利用一種作用好像剪刀的物質將基因剪開，然後接上一段新的基因，再利用一種有如漿糊的東西黏上。於是原來的基因就有一段不一樣的新基因，就可生產所希望的物質了。**這種基因剪接的技術就叫遺傳工程**。

今天遺傳工程已經成為重要的一種科技，能夠製造各項產品，如：醫藥品、農業產品等，所得到的新物質對人類有很大的貢獻。例如：肝炎疫苗、治療糖尿病的胰島素等，這些以往昂貴的藥物都靠遺傳工程的技術大量而廉價地生產，遺傳工程真是自然界神奇的魔術師！

複製羊的成功將使科幻情節逐步實現。

筆者曾在一九九七年三月一日在中國時報發表自己對複製羊的看法：

英國的科學家在一九九七年二月宣布成功地得到全世界第一隻成年動物無性繁殖

系，產下了複製羊（人造羊），目前該隻羊已七個月大，體內的基因與提供細胞的母羊一模一樣，是道地的「複製品」。

隨著分子生物學重組DNA技術的進展，「種瓜得豆不得瓜」已不是天方夜譚了。人類能夠經由生物技術塑造各種前所未有的「怪物」，如：地上基部結番茄、地下根部長馬鈴薯的「番茄薯」植物；利用組織工程技術可以培育出背上長人耳的老鼠來，而現在又可以不經由有性生殖而得到無性繁殖系的高等哺乳動物，科幻小說中的情節似乎正逐漸實現。

筆者在三十年前就開始研究外星生物與飛碟，並提出外星人是以無性生殖來繁殖的理論。科學的研究是針對確切的對象與目標，有其一定的規律，但更重要的觀念是科學的原理可以被修正，規律也可完全改變，「複製羊」的成功只是一個例子而已，其實宇宙間的任何現象都不是絕對的，也沒有所謂「絕不可能」的事。

希臘神話並非憑空杜撰

希臘、羅馬及古中國有許多神話傳說故事，這些美麗的傳說，大都描述神與人的關係。從有人類以來，人家就認為這些只是古人想像而編造出來的故事，不可能發生過。

近年來經過考古學家、歷史學家與研究飛碟、外星人的學者的探討，終於發現世界各國的神話傳說其實都是有根據的，只不過是撰寫的人將事實改編加以趣味化而已。木馬屠城記的故事，大家都認為這個故事只是史詩家「奧德賽」的小說，但是在十九世紀末期，考古學家依據小說中所敘述的地點，居然挖到了故事中的特洛伊城遺蹟。

另外，阿拉伯傳說中最具傳奇色彩的「烏巴城」，一九九〇年時美國與阿拉伯的科學家便以科學方法偵測到沙漠底下的烏巴城，證明它的存在。

聖經中的故事也描述許多天空異象。中國大陸也挖到傳說中的三皇五帝的遺蹟。

一九九〇年前蘇聯海軍也曾抓到一位全身長鱗片的矮人。

由此可見，我們所知道的神話傳說可能都有根據，而其中所描述的神或許是古代到過地球的高科技外星生物呢！在古代這些神話傳說故事中，許多在地球上不存在的動物，如：長翅膀的馬或魚，人面獅身獸或是羊身蛇尾等，過去這些都被稱為妖怪，是古人想像的動物。這些妖怪有可能是在過去曾存在過，後來才絕跡，或許古代曾有高科技的外星生物創造與毀滅了這些「妖怪」，將來隨著科技的進步或可塑造出類似神話中的妖怪！日本也保存有一尊上半身是人、下半身是魚的木乃伊，稱為「人魚妖怪」，經科學鑑定是道道地地的生物，不是偽造出來的。

由此可見，神話與傳說也許有成真的一天。

Part 6

外星人綁架地球人

地球人經常遭受外星人綁架已被證實決非個案，因為不分族群、性別、教育程度及居住地區，經常會出現同類外星人來綁架地球人事件，科學家一致認為這是來自其他星球生物的傑作。

綁架事件是美國政府促成

一九本四年二月二十日，艾森豪總統代表美國政府與來自其他星球的外星人簽訂了不平等條約，想由外星人處學到高科技以便獨霸全球，然而條件之一是美國政府必須提供生物供他們實驗。但一九七〇年代之後，外星人開始破壞協定，不僅大量殘殺家畜獲取器官進行遺傳實驗，並且還綁架人類進行預種交配實驗，造成許多震撼人心的恐怖事件。

依據外星人與美國所簽訂的祕密協定，美國政府設置了地下基地，共同進行多項研究：其中一處地下基地是在內華達州，位於有名的賭城附近，俗稱「五十一號區域」，每邊長約十六公里所圍成的廣大範圍。在地下基地中所進行的實驗項目相當多。有美國接受外星人技術進行的UFO試作實驗、每週固定一個晚上進行UFO的試飛、利用遺傳工程技術創造外星嬰兒實驗、並有地球人改良試驗等。

醫學足以證明外星綁架全球皆有

外星人綁架事件發生的次數頻率方面，美國是居領先地位的，其次是英國與巴西，主要的原因是在這些國家中有足夠的催眠心理醫師與臨床醫學家能夠與遭綁架者共同進行研究。

最早發表外星人綁架案例是一九五七年發生在巴西的事件，聲稱遭到綁架的是一位叫做安東尼歐．維拉斯．波阿斯的農場主人兒子。但有系統整理出綁架事件的規律性的是，一九八七年時美國印第安那大學的神話學家湯瑪斯．巴拉特。巴拉特列出了來自十七個國家的外星人綁架事件報導，包括有：英國、前西德、西班牙、澳洲、阿根廷、烏拉圭、加拿大、芬蘭、智利、南非、前蘇聯、法國、玻利維亞以及波蘭。

在美國以外的國家遭外星人綁架者，似乎有許多均與外星生物直接接觸。這些外星生物由矮到高，帶頭套的都有，還包括男女兩種裸體生物以及不論在頭部外型、腳、手都與人類相似的生物。一對丹麥夫婦描述了他們所遭遇的UFO訪客，是長得很小，發出有如彩虹一般色澤的綠、澄和紫色的生物。

外星人綁架事件具有全球共同特性。最常見到的是各地的遭綁架者，被吸向強烈光線，經常發生在開車時。而必然會發生的是在稍後他們都無法說明這一段空白的時光。（按：時光空白常發生在外星人綁架時，當事者完全記不得過去一段時間發生了什麼事，經回憶催眠之後才記起曾遭綁架），遭綁架者也常有肉體或心理的受傷現象。包括了晚上做惡夢，慢性神經激動引致焦慮、沮喪，精神不正常。並有肉體上的實質疤痕、如傷痕、切口痕跡、刮痕、燒傷以及疼痛等。

在某些國家，人們相信各種超自然現象相關的信仰，外星人綁架事件常造成困擾或單純的被聯想到是一種侵襲。一位南非的研究人員興登．欣西亞曾報導道：「他們的反應或許與西方人對鬼的態度一樣，不見得只是害怕（或者不經常是如此），但對於他們所看到的都抱以謹慎態度。

但近年來，以臨床醫學來探討外星人綁架事件已逐漸形成風氣。一九九三年五月，德國第二大電視公司播放了四十五分鐘有關外星人綁架事件的節目，結果打破了德國電視最高收視率的紀錄。而有兩位臨床醫師在後續的廣播節目中對遭綁架者提供了免費服務，可惜只有二十位有了回應。此情形就像其他場合一樣，綁架會導致驚嚇經驗，以至於許多人均不願意面對它，除非是由於綁架結果已產生了一些困擾的症狀，他們才願意面對現實。

Knowledge base

來自外星的恐嚇

有些所遭遇的外星生物相當不友善，具有攻擊性與神祕性。其他也有具有治病能力與傳播某種理念傾向的。大多數遭綁架者被警告不准說出他們的遭遇經驗。在波多黎各，一位叫米格爾．費格洛亞的人曾指出當他在路上看到五位灰色的矮人的同一天稍後，他接到了恐嚇電話。

蘇聯UFO研究所的證實

層出不窮的綁架事件，在許多國家陸續發生。一九九〇年十一月二十三日在日本石川縣召開的「宇宙與UFO國際研討會」中，來自前蘇聯的國營UFO研究所所長阿恰恰指出，一九八九年一年中蘇聯有五千多起事件，證實與UFO有關。前蘇聯是在一九八九年十月由國營塔斯杜向世界宣佈，有一架UFO降落在蘇聯境內，由UFO中走出身高二公尺高的外星人。前蘇聯的科學廳於是開始進行UFO的研究，成立了「全蘇聯UFO問題委員會」，收集全國情報，並成立「蘇聯UFO中心」。根據這一機構的研究，前蘇聯所發生的綁架事件中，也有罹患糖尿病、胃潰瘍等疾病的人，經由外星人治療而痊癒。

地球人成為人體實驗品

一九五四年美國與惡魔簽約後，一九五七年完成了共同研究的地下基地，一九五七年後UFO目擊事件急速增加，一九六〇年代之後家畜虐殺事件層出不窮，而首次人類被UFO綁架事件也在一九六一年九月十九日發生了。

伊魯夫妻的惡夢

這是UFO史上有名的「伊魯夫妻事件」。當時伊魯與其妻子共乘一車，在加拿大公路遇到一發光體，頓時發光體消失，他們倆也失去記憶約三小時，醒來後卻又發現回到車上。事件發生的十天後，他們夢見了被外星人擄獲到UFO去，身體也感到不適。此狀態持續了九年，最後不得不接受催眠治療法，結果發現他們的夢居然是真的。

他們在UFO上曾接受異樣生物體進行身體檢查，外星人以心電感應說明所進行的小實驗不會有大礙，隨即用一針狀物插入伊魯夫人的肚臍，似乎是採取細胞樣本作實驗。外星人並以一張星座圖指出他們所居住的行星位置。

朱迪失去的記憶

一九七二年十一月二十六日，美國加州朱迪小姐（當時二十三歲），在回家途中亦曾發生喪失四小時記憶事件，以催眠療法恢復記憶後發現，又是被外星人綁架去，這些外星人具有昆蟲樣眼睛，青白色透明肌膚。

朱迪被安置在一平台上，手腳被綁起固定，嘴巴被異物刺進，耳朵也插入硬而冷的硬物，而一項金屬製的器具則插入子宮內進行採樣檢查。此時，朱迪發出恐怖的慘叫聲。她在UFO內發現有類似人類的生物。事後經由醫院檢查，果然在她嘴內舌頭兩旁有植入異物的痕跡。

路易士母子被植入異物

一九八〇年五月五日，住在新墨西哥州的一位母親路易士帶著她的兒子比利在回家途中遭到幾架UFO劫持。UFO在附近牧場降落，以奇妙的光線照著牧場的一頭牛，企圖將牛隻擄至UFO，在發現他們母子後，也將他們抓至UFO中。在UFO中他們看到了慘不忍睹的牛隻虐殺事件以及裝滿了動物內臟的容器，看了著實令人倒胃口。

外星人將他們衣服脫光後進行檢查工作，在母親路易士的性器中置入金屬製器具檢查。母子二人的頭部都被放入小的金屬球。路易士在事後半個月，即五月二十二日曾到醫院進行斷層掃描照片，以五毫米為間隔拍照，結果在頭部發現有二個圓形異物存在。

克里斯首次被外星人綁架是在一九六二年，當時她才十歲。那時所接受的身體檢查是在左耳放入某種小裝置，在進行手術時一點也不覺得痛。外星人並在她的腹部放入一個小儀器。從此以後，藉著這個儀器所發出的聲音可以和外星人相溝通。

第二次接觸是一九七一年九月。這次克里斯被帶到UFO中，躺在一個船艙中央平台上。外星人以長形針狀儀器插入她的子宮，並告訴克里斯是採取她的卵子。接著以針檢查她左耳內的裝置，並且交換零件後，再將一種透明狀膠囊放入子宮中。克里斯回家沒多久就發現已懷孕了，而這期間她並沒有發生任何性行為。她馬上到醫院進行檢查，沒想到竟然流產了！不，說得明白正確一點，並非流產，而是突然間懷孕的現象消失了。

第三次被綁架則是在一九七六年二月四日。這次在UFO中，外星人將經過基因工程操作的受精卵放入她的子宮中，居然順利產下一名女嬰。克里斯的女兒在十歲時曾有被外星人綁架的徵狀，具有許多異於常人的特徵，並經常在居家附近看到UFO。這位外星人人工授精的混血兒智商在二百以上，成績為全校第一名，彈得一手好鋼琴，曾客串演出電影及拍廣告。這是首件遭外星人綁架而懷孕的例子。

實驗的背後陰謀

被綁架的人類大都被採取細胞組織，進行DNA的抽取及基因重組實驗，目的在改良人種，製出具有更高營養價值的生物，並將地球人類家畜化，最終目標是在佔領地球，控制地球人類。而有關外星人綁架人類進行遺傳實驗問題，近來也有許多相關研究書籍出版。例如：有一本取名「不為人知的生活——飛碟綁架事件，第一手見證」的新書，訪問了一些據稱有過被飛碟綁架經驗的人，據受訪者表示，外星人一再來到地球抓走人類，帶去進行遺傳實驗。

哈佛大學教授見證俘虜真相

該書作者賈克布士是蘭波大學教授，專攻二十世紀美國史，他承認說，他書中提出的證據稀奇古怪，大多數嚴肅的科學家通常會斥為無稽之談及聳人聽聞。不過，他在一九九〇年時受訪中說，六十名遭綁架者述說了三百多個事件，故事內容連「最細微的情節」也十分雷同，他認為沒有理由不予採信。哈佛大學醫學院教授麥克博士本身也計畫出一本同樣題材的書，他在賈克布士的書中序言寫道：「人口調查顯示，光在美國就可能有數萬人，或許是為數在一百萬以上的人，可能曾是飛碟與外星人的俘虜。」

在科幻小說作家及電影導演想像之下，人類接觸過的外星人十分和善，但賈克布士書中這些遭綁架者敘述，這種接觸是個「恐怖、錐心及每天激起痛苦記憶」的經驗。事實上，這些是屬於對人類不友善的「邪惡外星人」之傑作。賈克布士說，在一些案例，有人全家多位成員曾被綁架走，有時事隔多年重複發生一次，「飛碟俘虜包括各行各業的人，他們是誰、教育程度如何、做那一行，或屬於什麼種族或國籍，這些都無關緊要。」

他們說，他們通常在夜裡遭外星人自床上擄走，他們的身體被一束強光吸起，帶到不明飛行物體上，而後被剝下衣服，從頭到腳受到檢查，重點特別放在生殖器官上。賈克布士為了探測被飛碟俘虜的人在無意識狀態下的記憶，將受訪者催眠，一些人在催眠狀態下敘述說，他們耳部或鼻竇被置入金屬物片，而男性在檢查中被外星人用一種唧筒採走精液做樣本。婦女，甚至小女孩，身體則被用刺針或注射器進行探查及戳刺。她們述說了被「採集卵子」及「植入胚胎」的經驗。

在整個綁架期間，人類受到外星人具有催眠能力的大眼睛所「控制」，所有被綁架者都記得一個駭人過程，就是賈克布士所謂的「心靈掃描」，由一名外星人挨近檢查桌上的地球人，然後兩眼猛盯著人看，像是把人看透似的。被飛碟俘虜的人，通常在兩到三個小時後被送回地面，這時他們對遭遇的事，只留下很模糊的有意識記憶。被綁架者生理上可能會有鼻出血或瘀傷的徵狀，女性兩股間會留下一種有黏性的膠狀物質。一些經醫師檢查發現懷有身孕的婦女，再次受到綁架，後來發現腹內胎兒遭取走。

第三類接觸其來有自

所有被飛碟俘虜的人對外星人外表的描述一致類似——身高大約在六十公分至一百二十公分之間，兩眼大又銳利，頭上無毛，軀幹和人類類似，但沒有生殖器官，灰色的皮膚，像橡皮或皮革一般。他們這種描述和史蒂芬史匹柏的電影「第三類接觸」裡的外星人很像，賈克布士說，那是因為「史匹柏下過工夫，研究過有關飛碟的著作」。

賈克布士說，但他們的行動十分嚇人，和科幻小說裡寫的截然不同。他說：「這不是我們所能預期到的情形，但這是每個人共同描繪的，它是個值得探究的方向，是我們一無所知的外星議題，而外星人利用人類像是在礦場採礦一樣，且一而再、再而三地做。」賈克布士並不肯定外星人是否存在，但他說，若外星人不存在，科學家就必須處理一種傳統心理學解釋和臨床方面無法說明的現象。

外星人的研究已令賈克布士著迷三十多年，他在威斯康辛大學寫了有關飛碟的博士論文，後來將論文改寫出書。他表示這本書是對人類的一個預警。他說，這些被飛碟俘虜的人並未顯示有任何精神或病理異狀，得以解釋他們所以說出這類故事的原因，此外，也無任何證據指出他們在孩提時期有過被性虐待的經驗，後者是精神病學上經常有對這類無意識者的解釋。

聯合國人員也遭綁架

一九八九年九月三十日，有一架飛碟由紐約市東川（east river）方向接近聯合國總部。由飛碟上走下來三位面貌相當醜陋的生物，將在第十八層樓上班的琳達・克魯黛伊女性職員綁架。綁架的過程有二位聯合國職員目睹，一位還是聯合國總務處處長。而當飛碟在聯合國總部上空時，橫跨東川的大橋上有許多汽車正在通行，但所有汽車的引擎卻無法控制，交通頓時大亂。這件大白天外星人公然到世界大都市紐約的綁架事件當然引起了聯合國的震撼，但在一九九二年聯合國又發生了「UFO目擊事件」，而目擊者包括了聯合國SEAT委員會主席拉瑪達先生。

一九七五年時有一部關於伊爾夫妻的影集叫做「UFO事件」，是由詹姆士・喬・瓊尼主演的，此一影集曾在美國電視播放過。

空白時間埋葬著恐怖記憶

在伊爾夫妻現身說法之後的幾年，也有許多人發表這類綁架經驗的書本與文章。而這一方面先驅的研究者是住在紐約的藝術、雕刻家巴得・霍普金，他花了三十年光陰研究了好幾百位遭綁架者，並對外星人綁架現象整理出重要的共通與一貫性。霍普金的第一本書是「空白時光（Missing Time）」，在一九八一年出版，書上提到了無法解釋的一段空白時光以及相關的症狀，可用以說明外星人綁架事件曾發生過，書中並提到此一現象的特徵與細節。

霍普金也發現外星人綁架現象可能與先前無法解釋的小切口、身上疤痕、凹洞記號等有關。在許多例子中，甚至還有一些小物體或「植入物」被插入遭受綁架者的鼻子、腿部以及身體其他部位中。霍普金的第二本書「入侵者（Intruders）」是在一九八七年出版的，書中霍普金指出在綁架現象中，有許多關於性與生殖方面的事例。神殿（Temple）大學的歷史學家大衛．傑克夫更進一步整理了綁架經驗的基本形式。傑克夫確認了許多初級現象，例如：以人工或儀器進行的檢查工作、凝視和泌尿學──婦科的診斷現象，以及更進一步的現象，包括了機械探視、目測與小孩的生產等，另有些附屬項目，其中包含各種額外的肉體、心理與性方面的活動。

一九九四年曾獲普立茲獎的馬克醫師出版了「遭綁架者（abduction）」一書，他以不同心理與醫學觀點來探討遭綁架者心理與思想的變化及影響，此書出版後使得一般實證科學家不再視外星人綁架事件是不可能的，也大大地改變了現代的科學觀。

遭外星人綁架的音樂家

據紐約著名藝術家霍普金的研究，由對外星人綁架事件的調查來推算，人類中約有百分之一已落入了外星人的魔爪之中。住在紐約郊外的青年音樂家達斯迪．哈德遜就是這種犧牲者之一。一九七九年五月十日的深夜，意外的災難降臨到他頭上。出事的那天，他在女鋼琴家凱音・墨黑肯夫人家的演播室進行排練，一直到深夜。墨黑肯夫人已逝的丈夫是有名的薩克斯管演奏家，生前夫妻兩為排練而建造的演播室，現在是開放給年輕後輩使用。

哈德遜一想起十多年前的往事，全身仍然會發抖。「那一晚上的事，是怎麼也忘不了的。

因為已經是深夜了，我就按往常一樣，請墨黑肯夫人准我留宿在她的演播室裏。樂隊的伙伴——鼓手麥克，也一起留宿在那裏。」由於排練累了，哈德遜倒下去就睡著了。睡得正甜的時候，突然受到了干擾，麥克做惡夢的聲音吵醒了他。當時，不知何故他心裏感到十分害怕。哈德遜感到有什麼東西在房間角落裡，當他把目光集中到暗處時，三個人影在那裏快速移動，就像昆蟲爬動一樣。仔細一看，人影拿著箱子似的東西，從箱子裡放射出很強的光線來。不久，另一陣更強的睡意向哈德遜襲來，他再度進入了沉睡之中……

第二天睜開眼睛，他好像根本沒事似的躺在床上，但總覺得有些怪。儘管他一直睡到了中午，但仍感到十分疲勞。這時，前夜的噩夢漸漸地復甦過來。那真的是作夢嗎？

這個夢未免太清楚了，哈德遜惶恐不安地把前晚夢見的情景告訴了墨黑肯夫人。墨黑肯夫人聽了哈德遜的敘述後，吃驚地幾乎要跳起來，因為她也做了同樣的夢，「是啊，那個夢的確太清楚了。站在眼前的人，身穿類似昆蟲甲殼的東西，帶著頭盔，個子很高。因為看起來像是好人，倒也不太可怕……」當時墨黑肯夫人環顧四周，感到如同處身另一星球上。對了，記得是在那人站著的背後半英里左右的地方，有個跑道好像是飛碟出發和到達時所使用的，飛碟一架接著一架經過那裏，從停機庫裡進進出出。

外星人似的人叫墨黑肯夫人起床，將他的名字寫在紙上。墨黑肯夫人表示很想睡，要求躺著。可是外星人說，這是有關未來的大事，不能躺著。沒有辦法，他只好起來，外星人把他的名字寫在紙上，放在旁邊小桌子上，然後墨黑肯夫人又睡著了……

這是那個晚上墨黑肯夫人所做的夢的整個情況。如果只是如此，也可能只是偶然的一致。當問到彼此作夢的時間時，不禁令人大吃一驚。兩個人都記住了那個時刻，是夜裡三點左右。另外，墨黑肯夫人還提出這不是夢的證據，那就是寫有外星人名字的紙條，仍留在床邊的小桌子上。

「墨黑肯夫人將那張紙條放在錢包裏，經常帶在身邊。可是，兩年後，小偷進到屋裡，連錢包一起偷走了。奇怪的是，她雖然想不起是怎麼寫的，但依稀記得是KHORTN……也許記得不準確。反正是根本沒有什麼意思的字。K字開頭，這是沒有錯的。」K字開頭？記得這是第一次作為來自外星的大使，留在霍德曼基地上的外星人名字，即KRILL……。莫非她碰上的，就是外星人KRILL？

哈德遜感到自己奇怪的體驗與墨黑肯夫人所做的夢一定有很大的關聯。因此，他走訪了許多心理學家，請求進行分析時，遇上了霍普金。霍普金當即勸他做催眠實驗以恢復記憶。

逆催眠中憶起的神奇經歷

催眠結果，從他的記憶裡恢復過來的是無法想像的可怕體驗。「現在回想起來，仍然感到可怕和緊張，使身子都要僵硬起來。」哈德遜談到她在催眠實驗中恢復過來的可怕體驗。首先浮現的是外星人那種奇妙的姿態。

「那東西頭特別大，顏色像火山灰一樣暗，皮膚表面很光滑，但像蒙上了一層灰一樣。眼睛很大，位於臉的旁邊。眼珠黑黑的，沒有眼白，身體像裝滿了液體一樣顯得有些濕潤。而且一看那眼睛，自己的意識一下子被吸了過去，就像進入了接受催眠時的狀態。另外，眼睛的周圍像蜥蜴一樣，有許多皺紋，沒眼皮，因為他們根本不眨眼睛。也沒有頭髮，鼻子只有洞，耳朵也像是個小洞，下巴很尖，後頭部突出。身上穿的像是黑色的潛水員服裝。」

然而，哈德遜在回想起外星人的姿態之後，就很難再繼續追憶了。由於感到害怕，即使使用催眠，腦子裡卻十分混亂，往事的印象很難聯繫起來。霍普金所委託的心理學家曾設法使他不只是用腦，而是用全身進行回憶。結果，哈德遜終於成功地由身體的觸覺上找到了回憶。首先，回憶起觸感，是有人在摸他的腳。

剛開始，他以為可能是實施催眠的醫生在摸腳，其實並非如此。之後哈德遜慢慢地恢復了記憶，仔細一看，被帶到了一個房間裡，並躺在台子上。這時，有人在摸他的腳。

埋進人體的超小型裝置

哈德遜在聽到麥克風的聲音下，睜開了眼睛，他感到在黑暗中有東西存在，於是集中注意力，才發現有三個小人的影子在移動。接著他們手裏拿的箱子裏發出光來。就在剛看到光線從腳底下射過來的一瞬間，哈德遜的身體像被什麼東西拖住了似的，向後面倒下去。與被鐵絲網罩住了一樣，身子沒法動彈了。

這時他的腦子裏聽到了「滋滋滋……」的奇怪聲音，像電器用品聲音一般。為了求救於麥克，他心想喊叫，但聲音卻出不來。這時，就像躺在手術時有輪子的床上被推著一樣，哈德遜的身體漂浮起來，並開始在空中向兩邊移動。不久，哈德遜便失去了意識。等到知覺恢復時，他發現有強烈的光從上面下來，接著又仰臥在沒有見過的暗室裏。覺得身子上面似乎有機器在來回移動。那時他想動一動身子，但根本沒法子動。縱使要動一動眼珠，都得使盡全身的力氣。

周圍共有四個奇怪的生物來回走動。其中一個比其他三個要高。儘管如此，也不過一五〇公分的樣子。高一點的臉部輪廓很鮮明。其他三個較小的，動作像機器人一樣，顯得很笨拙。過了一會兒，其中一個眼睛盯著哈德遜。這是在我們這個世界上難以想像的怪物……在這同時，哈德遜的腦子裏又響起了電器似的聲音。

「別害怕，老實躺著！」完全像哄孩子一樣，或者像在床邊說好話一樣。哈德遜這時才知道，他們只是把自己看作低等動物。那種令人有些害怕的生物，像是要哈德遜做些什麼。他們在摸他的腳，由那種感覺，可以推測出，外星人的體溫與人大致相同。這時他也感到左膝一陣劇痛……

接著，外星人拿起針一樣的東西靠近他的臉。還記得針尖上還帶有一個小球。可能是某種器具，與其說是金屬做的，不如說是一種細胞組織。他們把那種器具似的東西，插進哈德遜的鼻子裏。就在此時，哈德遜像打了麻醉劑似的神智恍惚了。等意識恢復過來已經是第二天了。

哈德遜被綁架到飛碟上去，像是接受了外星人的某種手術。這種手術究竟意味著什麼呢？霍普金談到了一種可怕的事實：「在我調查的事件當中，不少人體內被埋進了某種東西。多數情況是那種針尖上帶有小球的器具，被塞進了鼻子裏。也有從眼睛和耳朵塞進去的。被害者當時似乎也感到很痛。當針被抽出來的時候，尖上的小球就不見了。也就是說，可能把什麼東西埋進了額頭裏。這種小球器具，連X光也透視不出來，但採用MRI方法，也就是磁力圖相法，就可以偵測到。在此之前，確定已被埋進了這種東西的人就有四位。

埋入異物作為監視器

透過磁力圖像這種最新的科學方法，證明在哈德遜的額頭深處，被埋進了異物。而目前難道就沒有把外星人埋進的這種小球器具取出來的方法嗎？霍普金示：「外星人似乎是有組織地在實施這種埋入異物實驗。但是因為異物埋進額頭深處，此部位以現在地球上的醫學技術，顯得太過於危險以致不可能取出來。」

那麼，外星人埋進去的超小型器具，究竟是什麼東西呢？目的何在呢？

據霍普金推測：「這可能是一種監視人的生理機能的感測器，或者是為了讓人履行他們的命令，而安裝的一種通訊裝置。」在佛羅里達州的微風灣小鎮，多次碰上外星人來訪的艾德就曾說過，他第一次碰上外星人以後，腦子裏就聽到電器似的聲音。據說，當時也傳來了可能是某種威嚴性的命令。

這麼說來，這種超小型器具，說不定是外星人為了掌握被選定為生物實驗目標的人，以便進行接觸而埋下的裝置。哈德遜確實被外星人綁架過的另一個證據，是在膝上留有傷痕。在接受催眠實驗的時候，他想起了左膝被動過手術。在解除催眠術之後，心理學家為了慎重，勸他檢查一下左膝。可是，哈德遜很害怕，不敢做檢查。

第二天，在淋浴的時候，哈德遜發現在自己的左膝上，留有奇怪的傷痕，是六公分長的一條細傷口……比手術刀切開的還要細，不是人類所能做的。由於過去一直不感到痛，所以不知道有傷口。這時哈德遜終於相信那天夜裡發生的事完全是事實了。提到傷口，墨黑肯夫人在事情發生一週後，也發現左膝上有與哈德遜一樣的奇怪傷口線。起初墨黑肯夫人以為是手抓的，但很快就知道不是那麼回事。因為墨黑肯夫人從未留過長指甲。那麼，這傷口究竟是為什麼才造成的呢？從以往的研究來推測，很可能是外星人取用某種東西而留下的傷痕。莫非像一些研究人員所說的那樣，外星人是從這裡提取細胞和酵素的。

外星人再度出現

哈德遜經反覆進行催眠實驗之後，記憶力鮮明地恢復過來了。

「在飛碟裏感到有些冷，幾乎沒有什麼顏色，只有單調的灰色和黑色。在我被帶去的房間裏，左邊牆上，有許多像是轉盤、開關、計算機之類的東西，但牆壁很平滑，覺得壁板上像是用光在進行描繪似的。有象形文字樣的東西，也有類似電阻標記的文字在發光。室內的陳設十分簡樸。」

此外，他還記得外星人的服裝上有三角形的記號。自己好像被帶到了沙漠裏，並看到了五十立方公分的黑箱子。附近有幾棟荒廢了的建築物。外星人說：「黑箱子裏裝有對人類未來十分重要的情報，但在時機還沒有到來之前，絕對不能打開。」

哈德遜的異常體驗，並非就此而已。幾年後，外星人再次出現在他的面前。「記得那是去佛羅里達州的普拉特市作演奏旅行時所發生的。由四男一女所組成的旅行團體。由於事先沒安排好，那天大家都聚集在旅行別墅的房間裏。五個人正在聊天的時候，突然出現一道閃光，因為是在二樓的房間裏，所以絕對不是汽車的燈光。大家都吃了一驚，這時，又是一道閃光。後來更奇怪了，好像進入慢鏡頭的世界一樣。」

光是從壁鏡裏射出來的。哈德遜回過頭去看那鏡子，但那裡……「兩隻熟悉的眼睛在向我這邊看。接著，那奇妙的臉向我靠過來。」當在看時，他不知什麼時候，回到了自己的房間，正在看電視。腦子裏響起了聲音：「已經很晚了，趕緊睡吧！」因為很疲倦了，所以他決定睡覺。

第二天早晨，向伙伴們問起昨晚發生的事。這時，才知道大家不僅看到了那雙奇妙的眼睛，而且感到自己的記憶也一時中斷了。另外，哈德遜在哥倫比亞大學上學的時候，就聽到過外星人的聲音。當時他曾問過發出聲音的人：「你究竟為了什麼目的要到地球上來？」

而回答的也很快，「為了給你們印上記號。」哈德遜說：「我不相信，拿出證據來！」外星人答道：「明天你就明白了，接合處被毀壞了。」接合處被毀壞了……這是「聖經啟示錄」上的用語。哈德遜根本不明白真正意思。可是，第二天，「挑戰者」號太空梭發射升空後，僅一分三十秒就爆炸了。從電視裏可以看出在空中炸得粉碎的情景。後來查明，「挑戰者」號爆炸的原因是燃料箱的接合處被毀壞了。外星人的預言十分準確。

被綁架的記號

那麼，所謂「為了給你們印上記號」，這又代表什麼意義呢？經過多次的接觸，哈德遜為了這件事問過外星人。「我曾一度問過他們，為什麼要把我綁架。他們回答說，實際上只對部分人有興趣。如果大家都知道，人們就會擔心來自周圍的迫害和遭到特別的對待，所以乾脆多抓一些人。他們進行的是遺傳基因的實驗。這樣做，是為了利用操作遺傳基因再生產出人類來，以使人類演化。」

那麼，他們感興趣的是哪一部份人、哪一種人呢？更何況他們為了掩蓋感興趣的人，要不加區別地綁架更多的人，以便進行偽裝。說不定他們從遠古時代起，就到過地球上，對我們的祖先實施過遺傳基因實驗，現在是來進行追蹤調查的。

經過多年的研究，研究人員得出一個假定，被綁架者幾乎都經歷了多次而頻繁的被綁架事件，如果注意到，相同家庭內不同成員的大部分綁架案發生在不同的地點、不同的時間和不同的生活水平，那麼，就會得到這樣的結論：**每個發表過的綁架報告，可能意味著被劫持者還有十二次已經遺忘的事件**，還意味著他的其他家庭成員有同樣的經歷。**我相信，飛碟現象的調查人員都很清楚，在千次綁架事件中，只有極少數事件是相互獨立的**。

其他外星人綁架事件

第一件與外星人接觸案件中，最為神奇的澳州外星人毛髮分析事件。事件的主角是彼得．考利（Peter Khoury），二〇〇六年時是四十二歲，他住在雪梨，由一九八八年開始，彼得就曾遭多次外星人綁架，並留下痕跡，例如他住家附近土地有疑似飛碟降落痕跡，因為磁場發生變化，經過現象研究會（Phenomena Research Australia，PRA）的探討，土壤成分發生變化，硫量超出平常值，土壤中存有嵌二苯（Pyrene），這是煤塔（coal tar）中才有的，在硬煤氫化（hydrogenation）時會產生，土壤中也有丹寧酸（tannic acid），土壤上已死亡的草還形成三角形狀。

毛髮DNA分析結果接近東方人

一九九二年七月二十三日當年二十八歲的彼得在睡覺時被兩位類似地球人女性的生物叫醒，兩位生物跪在床前，之後就不記得發生了什麼事，可能是被解剖進行人體實驗。但一瞬間兩位奇怪生物又消失無蹤，此時彼得發現了在他大腿兩側有兩根淡色，近乎白的類似人類毛髮（hair of humanoid）。

UFO研究人員對此事件做過詳細調查，並將毛髮進行DNA分析，這是飛碟研究史上第一次。研究成果也發表在知名的科學期刊IUR（International UFOReporter），二〇〇四年秋季號，第二十九卷，第三號上。毛髮DNA分析結果發現遺傳結構比較接近東方人，但大多人種主基因結構較遠。比較有意義的是由粒腺體DNA上有兩段基因脫落（deletion），而原先此兩段基因可控制CCR5蛋白質的生合成，而CCR5蛋白質能協助病毒（尤其是愛滋病毒HIV）進入生物細胞，缺少此一蛋白質的話，就能避免病毒感染。可見外星人與飛碟的研究對近代生物醫學有很大幫助，藉由外星人高科技可提供人類未來生物科技研究方向的啟示。

中國鳳凰山下的UFO驚奇

一九九四年六月四日，位於中國黑龍江省五常縣境內的山河屯林業局施業區內發現不明飛行物，著落點約在東經一二七度五九．一六，北經四四度〇七．三一附近的鳳凰山南坡距頂峰約五百～七百公尺。

從六月四日下午開始，這個局紅旗林場入山採集山野菜的十多個人，都看到對面鳳凰山南坡有一個巨大的如雪或冰的白色物體。距離最近者約一公里，最遠者約六．七公里。六月六日，該林場青年孟照國在挖山野菜時看到此物後，第二天便約李洪海（二十七歲）一同前往，中午十一點左右，兩人看到了鳳凰山南坡第二道山脊的岩石上停著一個不明飛行物。據兩位目擊者介紹，在距物體一八〇～二百公尺處時，他們看到了一個類似倒著的問號或是蛤蟆蝌蚪狀的物體，長約五十多公尺，高約二～三公尺，表面積大約在六百～七百平方公尺左右，有點白帶黃色。在類似於機頭處，有個像青蛙眼睛一樣凸似玻璃罩的東西。

兩人繼續向前接近，大約距物體一百五十～一百六十公尺時，聽到物體發出令人毛骨悚然從未聽到過的叫聲，此時兩人感到身上的手錶部位、腰帶（有鐵環）部位、反拿挖菜刀的手似有強大的電流穿過，令人發麻難受，兩人當即撤離。六月九日七時，場工會主席周穎帶領機關三十多人由孟照國領路，帶著七倍望遠鏡、錄音機、照相機前往探查，在距飛行物著落點十多里處，孟照國用望遠鏡搜尋，說：「看到了。」話音剛落便向前撲倒昏厥過去。眾人忙掐其人中，後來他處於嚴重抽搐狀態。

當時一部分人護送孟照國回場，另一部分人前往尋找，卻沒有找到著陸的不明飛行物。孟照國發病後的最明顯症狀是兩眼發直、怕光、懼怕接觸鐵器，醫生用聽診器接觸身體時上身突然直立，拿針及用鐵水舀在兩公尺外時便有反應。孟此前無任何病史，第二天早上也能吃飯，並能說話。到十六日，開始恢復部份記憶，能將發現的情況及不明物體形狀講述出來並畫出圖形，據孟講，他和類人物有過接觸和對話。

中國UFO研究調查結果

由現場資料來看，五月二十九日至六月九日期間所發生的UFO的事件以及紅旗林場的孟照國被擊傷的事件，這個情況是確實可信的，也是事實。另外，從孟照國的六月九日與外星人的接觸以及七月十六日夜裡，七月十七日凌晨與外星人的接觸這方面來看，也應該可以說基本上是事實，但是證據現在還不很充實，考慮到這種接觸從看到的案件來說，一般的來講，都是極其個別的。因此，取得旁證很不容易，甚至可以說是幾乎不可能的。

即便如此，孟照國在兩天的，就是六月九日、七月十六日這二天的兩次接觸，都有兩個相當有力的旁證。一個是他的四哥，在六月九日那天下午和他的母親在回顧處於痙攣狀態的孟照國時，眼睜睜地看見孟照國本來在他家的沙發上，本來頭朝北，莫名其妙地自己轉過頭朝南，而且身子僵直不動，就跟變戲法一樣。當時他和他母親都嚇呆了，簡直是不可思議的事件。這一點在孟照國的自述中提到過，外星人每當看到他的頭朝北的時候，都要把他的頭擺正為——朝南方，也就是朝向鳳凰山的方向。

第二點就是：在七月十六日夜裡，十七日的凌晨，根據孟照國的自述，他被外星人帶走，穿過了牆壁，沒有走門窗。在回來的時候，由於門窗是由內部鎮的。無法進入室內，不得不在室外叫醒他的妻子姜玲，姜玲在這個方面也做了證明。她很奇怪自己的丈夫怎麼會在門窗閉鎖的情況下，本來在室內床上睡覺，怎麼會出去的？所以就這兩點來說，可以說是孟照國自述過程的旁證。但是從科學的角度來講，證據還不是很充足，應該有更多的旁證，才更有說服力。但是我必須重複，考慮到這種事情僅僅是一個人的接觸，對一個人的第三類接觸，那麼，一般來講，取足旁證是不容易做到的，當然我想這是合情合理的。

總結來講，考察的方案、目的，就是對五月二十九日到七月十六日深夜、十七日凌晨這個期間，所發生的一系列UFO事件，進行科學考察、取樣探測來確定它的事實成分。現在看來，調查的目的基本上達到了。

美國UFO研究人員的看法

由於中國鳳凰山事件，並沒遺留下任何可茲作科學研究、分析的證據，所以美國UFO研究人員對此事件多半採取保留態度，此事件與台灣桃園地區在一九八〇年代發現小外星人遺體一樣，可信度均不高。

家畜慘殺事件

事情的開端是在一九六七年九月七日。

當時，全美國正籠罩在UFO熱潮之中，位於科羅拉多州的阿拉摩沙牧場發生了一匹馬的慘殺事件，這就是家畜慘死事件歷史有名的「史尼比事件」。

極異常的馬匹屍體

這匹三歲大的馬被發現的時候，死狀非常悽慘，兩肩以上的肉被割成小塊丟棄在屍體旁，僅餘頭蓋骨及脖子部分的骨骼，任何人看到這種慘死情況均會倒胃口。

但是，不解之謎不止是馬的慘死！在馬屍附近地面有噴射火燄以燒焦的痕跡，現場附近並有UFO目擊事件。此一史尼比慘死事件馬上傳遍了美國，全世界大眾傳播媒體也競相報導，有些報紙亦以大幅標題批出這是一項「來自UFO的解剖事件」此後，這種家畜虐殺事件不斷發生，並且是集體慘死。

在一九七〇年代前後，美國五大湖周圍、賓夕凡尼亞州、堪薩斯州、科羅拉多州以及加州都曾發生類似事件。而在一九七五年四月到十二月的八個月間就發生了二〇三件，有時一天就有三件，使得當地警察疲於奔命，而牧場主人也都忐忑不安。

由於事態極為嚴重，美國新墨西哥州上院議員在一九七九年四月二十日召開全美受害的牧場主人召開了一項「家畜慘殺事件協調會」，但也沒有具體結果。而這類家畜慘殺事件不僅發生在美國、加拿大、巴拿馬、歐洲以及日本青森縣等地，總計有幾千件，而遭慘殺的家畜除了牛之外還有豬、羊、馬、狗、山羊、鹿、雞及鴨等，而其中以發生在美的內牛牧場最多。

通常遭受慘殺的動物屍體大都是在牧場或農場所發現的，偶爾也會出現在河流及公路上，死狀都非常淒慘。這種家畜慘殺事件具有幾項共同特徵：

1. 屍體附近沒有任何血跡。
2. 頭部剝皮痕跡乾淨俐落，人類縱使以最進步技術也無法達到。
3. 部分內臟不見蹤影，尤其是性器、肝臟等器官。
4. 附近有UFO目擊事件。
5. 事件發生時候都有無聲響謎樣的黑色直昇機在附近徘徊。
6. 附近地面有明顯的燒焦痕跡及UFO著陸痕跡。

從一九七〇年開始，美國許多科學家投注到此一家畜慘殺事件的研究工作，對於這項謎樣事件提出了幾項假說：

1. 捕食動物說：家畜遭受某種肉食野獸的攻擊，屍體遭到吞食。但是，到目前為止無法找到牙齒如此兌利的肉食動物。
2. 惡魔崇拜主義者說：事實上有一些家畜慘殺事件的現場都有儀式的痕跡殘留。
3. 政府機關說：政府祕密研究生物學及放射線學而進行實驗，但是既然是生物實驗就應循正常管道取得家畜才對，所以這一假說似乎也不可能。

4. 外星人犯行說：在事件發生當初，科學家大都不相信此一假說，後來出現了現場目擊者之後使得此一假說的可能性提高許多。

逆催眠後的可怕畫面

住在德州一位家庭主婦叫做朱迪．德洛悌，她在一九七三年曾有不可思議的體驗。當年，她與女兒思迪共同由德州休士頓開車回家，在路上遇到了很奇怪的亮光，兩人就下車看了一、二分鐘，再回到車內繼續上路。

回到家裡之後由二樓窗戶向外觀望，又發現同一光體，在發光體附近可明顯看到有二個生物在移動著。入夜之後朱迪一直無法入眠，頭部劇痛不已。而在事件之後，經過了幾年頭痛仍舊存在。她在一九七八年初在精神病理學醫師指導下開始進行催眠治療法。

一九八〇年三月十三日她接受華盛頓大學雷歐博士的逆催眠試驗，結果由她口中說出了驚人的消息。事實上，當時她開車看到車外奇怪亮光時，她與女兒都被帶到UFO裏面，而目睹了小牛慘殺的現況。以下是雷歐博士與朱迪催眠時對話的內容。

博士：「現在站在車外，回想看看有什麼感覺？」

朱迪：「有一團強光由空中照到車後。是動物，動物被吸到亮光體中。有圓而狹窄的房子……情況極為恐怖。我看到小牛器官被割出。」（在朱迪面前進行牛的慘殺實在令人驚訝）

朱迪：「動作非常快。仍活著的小牛由空中亮體地面拋下，以致活活摔死，一動也不動，非常殘忍……」

博士：「親自看到牛被割殺？」

朱迪：「是的。」

博士：「用什麼方法進行器官割取？」

朱迪：「利用類似解剖刀的工具，但形狀很怪。雷射……？內部針狀，似乎是醫療用探針，有一通管相連，切下來的組織放在容器中，看到了似乎精巢的東西……探針似乎插在上面。周圍站著全身綠色小生物，眼睛大，手部如爪狀。」

突然間這些外星人對朱迪說：「請不要害怕，這是改良人類的實驗。」

這項逆行催眠實驗一共花了四小時才結束。根據種種現象顯示，家畜慘殺事件可能與UFO和外星人有關，但動機和目的何在？事情的真相是美國政府曾與外星人簽約，而利用家畜與綁架的地球人進行遺傳實驗是條約中允許條件之一。

▲麥田圈的出現常與UFO出沒有關。 創造麥田圈的是某種未知的能量，且是一個有計劃性的整體現象。

Part 7

飛碟綁架事件科學追蹤

UFO的研究是科學的，所以任何只有口述UFO與外星人接觸遭遇，而沒任何可供研究證物的實例，在科學家眼中均是不可靠的。

綁架疑案的動機分析

現代書籍中，普遍認為飛碟的歷史於一九四七年開始，典型的「伊魯」事件綁架發生在一九六一年。從此就認為這是第一例案。綁架「伊魯」是第一例眾所周知的事件。但經調查了許多四十年代和五十年代的案件綁架，又調查了兩例上一世紀二十年代後期發生的事件綁架，這二例均未公開。（其中一例是目擊到飛碟和一群像人類一樣的東西，另一例的目擊者由於難於理解的原因使神經系統受到強烈的刺激。兩例的目擊者都有一段失去記憶的時間。）

另外，又調查了四起不大確切的案件綁架。其中一起發生在第二次世界大戰期間，其餘都發生在三十年代，比較徹底地調查了一九三八年發生的兩起事件，兩起事件的被者都綁架受過催眠術的處理，兩個被劫持者都出生於一九三三年，在孩提時代就被綁架。現在他們一是心理治療家，另一個是技工，在資料中，大約保留有十個一九四七年以前的不太確切的綁架案例，由於時間和距離的原因，沒有進行調查。

遺傳實驗就是飛碟綁架的目的

在飛碟調查年代的初期，研究人員都認為若把精力集中在觀察和談飛碟案時，如果忽略了其中類似人的東西以及有關綁架消去記憶時間的報導，那麼就像在一輛小車逃走時，只注意小車的車牌號碼而忘了了解小車到底犯的是什麼罪。**「飛碟的「罪行」是劫持和檢查人類，它早已發生並還在發生，它發生的範圍要比我們想的廣泛得多。**研究應該這樣看待飛碟事件，每次飛碟的出現都是綁架事件的表現。戴維．雅格布斯最近對媒體表示：已經發生的大量飛碟現象說明了一個事實，就是綁架案的存在。

飛碟的綁架事件的主要目的之一，是進行遺傳實驗。當你深入地了解被綁架者敘述的過程綁架時，你會發現，他們都提到採取精液和卵子的標本。這就使人想起人工授精、胚胎移植和其他有關技術資料引進有關kihdy-wood事務的書籍中，艾德的婦科和產科學顧問聽了一些磁帶，磁帶記錄是幾個女性被劫持者描述她們經催眠術後的經歷。內容都是有關婦產科學方面的。他向艾德保證，磁帶內容並非虛構，她們的感受完全符合正常人所預料的情景。幾乎女性的陳述中，沒有一例帶有幻想的跡象，相反，她們準確地、戲劇性地回看真實的經歷。

遺傳實驗是飛碟綁架的中心目標。這一理論能夠解釋為什麼有許多家庭中，有幾代的成員被持持。這一理論也能夠說明為什麼飛碟現象已經發生了幾十年。為什麼劫持案非要多達成千上萬次，這裡邊一定還有其他原因。目前僅僅剝去了蔥頭的外皮，在前方的道路上，還有一層又一層的疑案。但無可置疑，我們在前進。

1. 飛碟綁架事件至少已經發生了五十年。
2. 明確的被綁架者已經達到幾千名，而其中大多數人都經歷了好幾次劫持事件。
3. 某些遺傳實驗很明顯是劫持現象的主要動機之一。
4. 由於有很多綁架案例不僅是在整個家庭內發生，而且是在這個家庭中的好幾代人上發生。因此，綁架對象不是隨機進行選擇的。

5. 儘管目前我們根本無法制止綁架事件的發生，但是，隨著我們堅持不懈地、耐心地探索，飛碟現象正在一點一滴地暴露出其中的祕密。

Knowledge base

被綁架後的共同特徵

大多數曾遭外星人綁架的地球人都有一些共同特徵，如：惶恐不安、做惡夢、心理受驚嚇，有些身體上具有特殊傷痕，心理醫生對這些病人進行催眠實驗後通常發現病人有段時光空白，也就是過去一段時光的記憶是空白的，忘了發生什麼事，但經過催眠後多半會記起是被抓到飛碟上，有些人還想起曾經過外星人動手術，植入某些物體，即植入物（implants），經過近代醫學檢驗並開刀後，果然取出了植入物，但分析成分結果大部分均非地球上元素。這種研究在近年來UFO的研究上極為熱門，成為國際性飛碟會議主要論文項目。

遭外星人綁架有跡可循

有一些人只記得外星人綁架過一次，但若是經過周密的探討，通常會發現外星人常在當事人還是小孩子，甚至是嬰童階段時就與之有過第一次接觸。

在孩提時代就遭到綁架的徵兆包括：

1. 憶起有不明小矮人出現在臥室。
2. 有一明顯的強光射到臥室裏。
3. 當事人聽到嗡嗡聲並有種震動的感覺。
4. 瞬間飄浮在空中或被強行拉出屋外。
5. 在近距離內看到UFO。

6. 清楚的回憶起被強行押入陌生的地方。
7. 父母發現自己的小孩無故失蹤一個小時以上。

這些人在清醒後發現自己幾近癱瘓，難以掩飾內心極度的恐懼，並一直有種奇怪而神祕的感覺，認為房內好像有人在你周圍，這些現象則是大人與小孩遭外星人綁架所共有的。

被外星人綁架的小孩，有時會覺得這些經驗並沒有什麼可怕之處；外星人不但是個很友善的玩伴，甚至還可能是他們的救星。在兒童時期外星人通常看起來是相當友善，但是當這些小孩進入青春期後就會發現外星人並不是那麼好應付。但即使是個小孩子，一旦回想起被外星人強行綁架上天空，遠離親人之時，就不禁覺得毛骨悚然。然而當他們老老實實的把這件事跟父母透露後，所得到的答案不外是：「這恐怕只是夢中的情景吧？」或是「你的想像力也未免太豐富了吧！」既然周遭的人都對此嗤之以鼻，一笑置之，到最後他們只好將這件事置之腦後，直到長大成人後才會想去解開這個謎題。

綁架經驗有家族性

有趣的是，外星人綁架事件在某些家庭中有祖傳的現象，有時甚至可延伸達三代以上。但當事人對到底有多少親人也曾受到波及卻不容易整理出一套正確數字來。這一方面是出自當事人的心防，另一項原因是外星人在釋放前的叮嚀或恐嚇，造成當事人的供詞模稜兩可，難以捉摸。被綁架者跟研究人員說某天跟一個也曾受UFO事件波及的兄弟姊妹在聊天時忽然想起了被綁架的過程。而許多家長雖然本身目睹到UFO甚至整個綁架過程，但對於自己的子女遭到外星人擄走一事卻矢口否認，因為不想再憶起這段陣痛的一幕。有時候被綁走的小孩想起事發當時，曾看到爸爸或媽媽也在太空船上，但是事後去查問時，父母卻說不記得了。有時候情況恰好相反，父親或母親曾目睹到自己的小孩，或是哥哥、姊姊目睹到自己的弟弟、妹妹跟自己一起被外星人綁架，想保護自己的孩子或手足卻心有餘而力不足。有的情況則是當事人對於父母或兄長未能從外星人手中營救他們一事感到耿耿於懷，雖然他們的父母或兄長可能根本就想不起還有這麼一段故事。

這種遭到外星人綁架或是相關的經歷，在當事人一生中的任何時刻都有可重回腦海中，但是到底在何種場合與時機下最容易發生依然是個謎。有的當事人認為在他們的心理最百無禁忌或是心靈最脆弱之際較可能發掘出這段駭人聽聞的往事，不過這絕不能代表所有的情況。在UFO事件上最讓研究人員以及被綁架者感到困擾的事就是到底何時才能回想起自己遭到綁架？這個棘手的問題讓所有的專家都頭疼不已，至今理不出一個頭緒。

從行為徵兆找到線索

然而在物資世界中，卻也有很多潛在的徵兆容易讓人聯想起綁架事件。不過一如往常，這些也不是絕對的。這些特徵包括一個人長期在心靈上有種莫名的脆弱感，特別是在晚間；很怕上醫院、不敢搭飛機、搭電梯；看到動物或昆蟲就有種莫名的恐懼感以及害怕性接觸等。對於某些特定的聲響、氣味、圖案或是活動有極為強烈的不安情緒反應。除此之外，長期的失眠、害怕黑夜、害怕晚間一人獨處、窗戶永遠都是緊閉的、就寢時燈從不熄滅，以及常作噩夢，夢見自己被帶入一個不明的飛行物中等問題，都是被綁架者所司空見慣的生活脫序現象。

不明原因所引發的疹子、割傷或是其他外傷以及鼻子、耳朵或是直腸部位的不明原因出血都是外星人綁架的前兆。雖然這些小徵兆可能第二天就會消失而不易引起注意，但若是還有其他被綁架的相關徵狀同時出現的話就不能掉以輕心了。有些症狀則與綁架事件有非常直接的關係，像是鼻竇的疼痛、泌尿與婦科方面的問題，以及長期的腸胃不適現象。

對一位曾受嚴格的西方科學洗禮之臨床醫事專業人員來說，參與UFO綁架案的研究是一項罕見的嚴厲挑戰，因為大部分所涉及的資料在現實生活中都無從捉摸起。當然，可以考慮採用折衷性的選擇取用方式，對於比較符合我們所處的時空世界合理者予以採信，對於實在太離譜的則不予理會。不過採用這種差別待遇並非上策。因為以西方的存在主義觀點來衡量，整件外星人綁架事件都是相當荒謬而離奇的，要以日常生活所熟悉的事物來判斷它的真偽似乎不太合乎邏輯。因此，在推斷被綁架者在陳述某件觀察現象的真實性時，最好是依據當事人本身認為這件事是否真實，以及他們在敘述時態度的真誠與否，來判定供詞的可信度。

五項合理的學說條件

整體來說，一套能合理解釋UFO綁架現象的學說，應該要能充分闡明下列五項重要層面：

1. 對於綁架案的細節部分當事人的證詞都相當吻合，他們在陳述事實時的內心情緒能合理的反映出當時的情景。
2. 對於綁架者的供詞無法單純的以當事人可能精神錯亂，或是其他心裡與情緒問題來解釋。
3. 在被綁架者身上所殘留的外傷以及身體上的奇妙變化，在精神科學上找不到合理的解釋。

4. 在綁架發生之時有未遭劫持的證人目擊到UFO的出現（當事人可能自己並沒有看到）。

5. 被綁架的族群中包括年僅兩、三歲的兒童。

聯合國UFO研討會提出的研究報告

北歐地區由一九六〇年代開始就陸續有外星人綁架事件發生，一九六〇年以後次數更多，是前蘇聯在一九九四年就有五〇〇〇人左右（俄羅斯國立UFO研究所發表），而斯堪地那維亞半島亦有相當多案例。

波蘭出身的醫學博士Rauni-Luuka-nen-kilde曾就五百件綁架事件件以及本身三次不可思議的體驗進行研究，她曾在聯合國UFO研討會中提出了震撼性研究結果。

1. 許多綁架事件都具有共通性，如：經逆催眠後所描繪出的外星人長相雷同，且都對人類進行遺傳實驗等。

2. 與外星人的接觸除了用心電感應外，也可利用音樂、波動或是靜坐方法，值得進一步深入探討。

3. 外星人綁架事件的真正目的，選擇對象以及研究法（目前均使用逆催眠等心理學方法等）應再作詳細調查追蹤。

4. 外星人綁架地球人事件在全世界各地已愈來愈多，將來更可能發生在我們周遭，實在值得我們注意。

外星人綁架人類的時機與場合

大多數的綁架案例，都是發生在當事人在家或開車之時，有時也可能是在徒步時，曾有一個婦女是在冬天雪地裏開雪上汽車時被擄走的，也有小孩子在學校被綁走的事件。如果在室內發生的話，第一個徵兆就是在寢室內出現不明的強光，可能是藍色或白色的；接著會傳來一陣怪異的嗡嗡聲，再來當事人內心就會有種莫名的恐懼感，覺得身旁好像有個隱形人在窺伺。有時還真的會看到幾個外觀看起來很接近人類的生物就出現在眼前。當然，最後會近距離的看到一艘不明的太空船。

似睡非睡間歷經一場惡夢

如果綁架是發生在晚上或是較常見的日出時分，那當事人起初可能會認為這只是夢中情景。然而再仔細的盤問之後會發現當事人在那段時間根本尚未就寢，或者已經起床好一陣子了，神智相當清楚。在綁架後當事人的意識狀態有了微妙的轉變，但神智依然很清醒，甚至比平常還清醒。當事人的首次訪談或催眠過程中他們往往發覺這些不是夢境，而是一種足以讓人嚇破膽的深刻體驗。雖一再發生，但他們卻不明白箇中奧祕，而只能訴諸於一場場的噩夢。因此當他們被UFO研究專家點醒後，內心所受到的驚嚇與沮喪是可想而知的。

在UFO綁架的初步工作結束後，當事人就開始有種「飄浮感」，一路飄到牆邊，然後穿越牆壁或窗戶。這些被綁架者都會很訝異自己曾幾何時冒出了這種超能力，可以毫無困難的穿牆，而且也只感到些微的振動。通常這束強光就如同帶給當事者一陣能量去飛翔，或是說提供一條快速道路讓他們通往UFO，而且還會有一名或數名類似人類的生物帶領他們登船。這時外星人會用手或是一種儀器去觸摸他們，讓他們頓時完全癱瘓，四肢動彈不得，但是頭還是可以轉動。不過大多數的被綁架者這時早已嚇得魂不附體，沒有勇氣去睜開雙眼來面對這個不可知的未來。在整個綁架過程中，他們的內心在極度恐懼之中還交織著一種絕望的無助感。

當一個人從臥室被綁架出去時，或許還無法看到停泊在屋外UFO。UFO的大小不一，直徑從幾呎到幾百碼都有可能。當事人對UFO的描述是呈銀色或金屬色，外觀是雪茄型、碟型或是類似小山丘的圓頂型。在太空船的底部有呈白色、藍色、橘色或是紅色的強光射出。這顯然與飛船的推動能量有關，而且還構成了環繞在舷窗外的一束光圈。被帶出屋外後，通常會看到一艘具有幾根長腳降落架的小型太空船，登船後再被帶往一艘較大的「母船」。有時候他們則是直接劃破星空，一路上升到大型的UFO裏，只見自己的家園在腳底下已逐漸模糊。這時他們的恐懼感頓時達到了最高點，而會極力反抗，不過當然只是白費力氣。

目擊證人指證歷歷

這種本身並未遭UFO擄走的旁觀者是有，但並不太多，而且能提供的線索通常也相當有限。當這些人目睹了整個綁架過程時，或許有種大開眼界之感，然而在事後追述時，在張口結舌之餘，對於事件所涉及的若干關鍵性數據卻往往不知所云，令調查專家無所採證。舉例而言，當一個人目睹到配偶被外星人擄走之時，經常在事件所發生的那一瞬間就忽然失去了知覺，如同被外星人給加了一道符咒。接著就人事不省的躺在原地動也不動，意識狀態比熟睡時還要模糊；任憑配偶聲嘶力竭的狂亂大叫也是喚不醒，像是死掉一樣。

有一件外星人綁架地球人的案例：有一位婦女宣稱在紐約布魯克林橋目擊到另一

名女子琳達．柯黛被外星人從一棟高達十二層樓的公寓內綁架到在附近等候的一艘太空船上。任務達成後這架飛船就一躍而下，衝入橋下的河中消逝了。後來柯黛太太回想起這段往事後，跟研究人員透露了這樁綁架案，所供述的內容與原先那名婦女所說的完全一致。這是在所有可考的UFO綁架案中第一次有旁觀證人來指證。這件案子其實還有其他目擊證人：不過顯然是跟柯黛太太一起被綁走了。通常UFO綁架案的目擊者本身也是受害者，也被綁架上太空船，因此他們供詞的客觀性就受到了質疑。有時遭外星人劫持的人們會被周遭的家人、親友或其他人發現無故失蹤半小時以上，甚至可達數天之久。

曾有一名三十四歲的女子提到在她還只是個青少年之時，在一個朋友家裏留宿，兩人一起睡在地下室的客房內，結果在半夜時連同她的朋友一起被外星人擄走了。她們父親在遍尋不著之後急得都快瘋掉了。根據這兩位女孩的供詞，她們的父親在清晨到客房去查看時，赫然發現兩人都無故失蹤了，但是到了六點時卻又奇蹟式的回來了。在另一個實例中，一個八歲的小女孩（她可能自己也遭到綁架）說她的母親曾在某一晚忽然不見了，怎麼樣都找不到。

這位媽媽後來陳述這件綁架案時，所提到的事發生時間跟她女兒所說的完全一樣。這個小女孩第二天早上跟母親說：「爸爸在房內，妳的床上有一席棉被攤開著，可是沒看到妳。」還有一個例子是一個女孩在宿舍內，和她的室友一起被外星人綁架走了。她說，她還親眼看到這個室友從一扇門穿越出去，等回來時又從那扇門被外星人送回來。這時她形容，「我室友的頭飄浮在空中，頭髮下垂，我還以為她已經死了。」但由於這位女孩本身也遭到綁架，因此能否視為客觀的旁觀者是有待商榷的。

如果能在當事人所指稱的綁架地點附近目擊到UFO穿梭而過，也算是一項確切的證據，特別是在綁架者本身並未看清楚飛船的情況下。例如有一晚，一位女士在波士頓北邊開車時遇到了一樁怪事，像是有人在替她操縱方向盤，最後車子一路狂飆到離波士頓東北方約十五哩的一處森林區才停下來。在整個駕駛過程中她都沒有看到UFO，一直到車子停在一片空地時才看到一輛太空船在等她，接著綁架案就正式揭開序幕了。

第二天早上，當她從大眾傳播媒體上得知昨晚曾有民眾目睹UFO飛經波士頓北方上空，而且行經路線跟她的開車路線完全一樣時，她整個人頓時都嚇呆了。

另一個實例，是彼得所陳述自己曾在康乃狄克州的家中遭到外星人劫持，而當時他恰好有三位朋友在屋外散步，目睹到一艘UFO逼近這棟房子。美中不足的是，這三個人事發當時未能及時進去屋內查證發生什麼事，也就是說不能確定UFO綁架走了彼得後是否也隨之失蹤了。所以這三個人指證的效力就變得薄弱了些。

UFO上的人體試驗

許多UFO研究學者對人體試驗這項主題，都發表過極為詳盡的報告，大致上可分為兩部分來探討肉體上與心靈上的試驗。當事者通常都會被脫個精光或僅是留下一件T恤之類的薄衫，然後被架上一張像是手術檯的桌子來進行各項試驗。在UFO內，可能同時有多名綁架者一起接受這些強制性的研究。

令人毛骨悚然的全身掃描

外星人首先會很仔細的凝視著這些俘虜身上的每一個部位，而且還以他們那雙極為恐怖的大眼睛貼緊著被綁架者的頭部觀看，像是要看穿病況及被綁架者的心思。再來，外星人就會以不同的儀器，從人體抽取皮膚、毛髮以及其他部位的樣本，以作為進一步的化驗。這些過程，被綁架者事後回憶時，通常都可以描寫得非常具體入微。

外星人以各種儀器去探索人體的每一個部位，包括鼻子、靜脈、眼睛、耳朵、以及其他部位，頭部、腿部、足部、腹部以及生殖器官，有時也會檢驗胸部。當事人還提及外星人曾在他們的腦部做一系列類似外科檢驗的步驟，甚至可能改變他們的神經系統。

而人體試驗過程在重頭戲在於生殖系統。外星人用儀器刺入腹部或生殖器官，以取出男性的精子使卵子受孕。外星人讓女性被綁架者懷孕後再將胎兒取出，放在UFO內的一個盒子。這些當事者日後再遭綁架時，便可以看到外星人與地球人的混血兒在人工孵化器的發育過程。有時被綁架者還會看到兒童、青少年，甚至成人，人類憑著直覺就可判斷出這些混血外星人有地球人的血統。外星人也可能要求女性被綁架者去抱抱這些看起來都無精打采的混血兒並去照顧他們。若是遭綁架的是兒童，外星人也會鼓勵他們跟外星混血兒一同玩耍。

能量儀器安撫被害人

在進行這些人體試驗過程，或是爾後在回想起這一段故事時，當事人總是嚇得面無人色，顫抖不已。這時外星人就會企圖安撫他們，跟他們強調這種試驗將不會對人體產生嚴重傷害，同時也會採取一些手段來抑制被綁架者的極度不安情緒。這些則又涉及一些可以改變人體內「能量」與「震撼」的特殊儀器。經過這些止痛療傷的步驟後，當事人身心上的痛楚和恐懼或可稍微舒緩，甚至達到某種程度的鬆弛效果。然而有時被綁架者就不是那麼幸運了，在一系列的安撫措施都失靈後，伴隨他們走過這段恐怖過程的，就只有永無止境的疼痛、驚懼和憤怒。

許多當事人對遭到這種凌辱，甚至近乎強暴的過程所衍生的激烈反應，或許在經過心理治療後有所改觀，因為當事人可能在催眠回憶中對外星人有更一深層的認識，並因而重新將外星人的角色定位。

就物質或生物觀點來看，外星人綁架地球人主要的目的，就是要進行一種類似遺傳工程的實驗，以創造出外星人與地球人的混血兒。至於這些怪嬰在基因上會不會遭到改變？雖然這理論是可能的，但從嚴格的生物學角度來衡量，目前並無任何確切的證據。

謊言勸說並改變意識

外星人企圖透過綁架傳遞某些訊息並改變人類意識，使得當事人對本身、這個世界以及在世界中的定位都將有重大的改變。外星人所提供的訊息，包括地球的未來命運與人類在地球所造成的種種破壞行動。透過心電感應和UFO上的電視螢幕，外星人進行了一系列類似洗腦的活動。這種工作可能在當事人還只是個小孩時就開始進行，但是所包藏的真實亦一直到最近才被人類發掘。在如何誘導被綁架者透露並體會這件事情的涵義上，UFO研究專家無疑的扮演了一個相當重要的角色。

外星人所展示的圖片五花八門，包括地球在經歷核子浩劫後的淒涼景象，廣大陸地與河川遭受人為破壞的駭人畫面，以及許多具有啟示或警示意味的圖案；像是大地震、強烈颱風、洪水，甚至地球崩裂的恐怖景象，彷彿已看到地球的末日。有時，外星人在放映之後，還會給擄上UFO的人類交代一些課業，像是如何在浩劫之後搶救僥倖逃過一死的生還者。

有時外星人也會舉出一些類似聖經啟示錄中的話語來告知些被綁架者，表示在地球滅絕之後，有些人將隨之消逝；但是有些人就會被帶往別的星球，繼續參與宇宙的進化過程。

這個現象在UFO研究的圈子內引起廣泛的討論。有些專家認為外星人此舉其實是不懷好意，因為他們並非希望藉此喚醒人類對保護地球生態等方面的覺醒，持這種意見的學者認為：這些外星人本身所處的星球可能已遭到類似地球生態或核危機等事故而導致滅亡，因此他們為人類做此地球命運的簡報，目的是要刺探人類的反應，並進一步予以洗腦，最終能接收人類的地盤。這些專家並進一步指出，如果外星人真的那麼關心地球福祉，那就該主動現身，積極的與人類合作，沒有必要老是躲在幕後裝神弄鬼。

然而，外星人對這種論調也有他們的說詞。他們認為我們人類對於迥異於地球文明的生物向來是視之為仇敵，不除不快，他們沒有必要現身。更重要的一點，他們強調為了避免產生正面衝突，只好採取迂迴的方式，希望藉著改變我們的意識狀態來誘使我們改變現狀，而不是經由高壓手段來達到目的。一些綁架者因而收到若干有關導致地球毀滅的戰爭訊息警語，也有人獲取某些特異功能，可以藉此和外星人進行溝通。這些超能力有些是屬於比較進化或是比較「善意」的產物；但有些則是屬於進化完全或是比較「邪惡」的產物。

被綁架者通常比較記得住UFO上所發生的事情；至於他們如何被釋回，記憶就比較模糊了。大多數的情況，外星人都是直接把他們送回臥室或車內，視他們在哪裡被綁架走而定。比如：外星人可能把他們丟在離家有一段距離（甚至幾里路）的地方，這種事並不常見。

失誤留下的實驗痕跡

一些較輕微的失誤也有過，諸如把當事人的頭部扔在床尾，把他們的睡衣穿反，或剝掉一些衣飾再送他們回去。有時外星人這種近乎戲謔的舉動似乎是出自他們的幽默感，或是想傳達一些訊息。曾有一回，一個兩歲的小男孩在釋回後被捲成一團，塞進被窩裏，令他的父母大為不解，想不出這是何人的傑作。還有兩個遭綁架的人被釋回車子後，發現這輛車是別人的。當他們行駛在公路上瞥見彼此的車輛就趕緊停下來，交換車子。

被綁架者被釋回後，或多或少會開始回想起一些事情，不過有時則是把這些模糊的印象當做一場夢輕輕帶過。當他們清醒後，往往發現身上有不明原因的割傷，皮膚底下忽然出現了腫塊，同時也有可能頭痛或流鼻血的現象。這時被綁架者在身心都極度疲憊之際，有種浩劫餘生之感，彷彿隔世。

不明傷口內的植入物

UFO綁架事件在被害者身體上造成的影響是極其深遠的，然而很諷刺的是，調查專家對此印象深刻的原因，多半來自被綁架者的陳敘方式，而非出自於專家本身所受西方科學訓練的專業判斷。

體內安裝的自動導向系統

舉例來說，雖然當事人異口同聲的表示他們身上的不明外傷、疤痕與皮膚種爛現象是在UFO上造成的，但是這些小傷口連他們自己都不會去注意。

又比如曾有許多女性被綁架者指稱，自己的胎兒是在綁架事件中被拿掉的。然而截至目前為止，還沒有一個醫師發現這件事與UFO綁架案之間有任何關聯。當事人還指出發生UFO綁架案時，有許多電器產品忽然故障了！像是：電視、收音機、電子鐘、答錄機、電燈以及烤麵包機等物。不過這點當然就更不可能去查證了。

被綁架常覺得在被釋回後身上多了些東西，一項類似飛彈自動導向裝置的系統，被安裝在頭部及身上其他部位，以追蹤他們平時活動，如同人類在某些動物身上裝置這些晶片感測器來探討他們的生態活動一樣。這些植入物體感覺上像是皮膚下的一個小結塊，而且也曾有若干這類物體從當事人的身上被取出做化驗電子顯微鏡的觀測。

鼻孔與生殖器官是植入地

麻省理工學院的物理學家大衛・普理查在一個被綁架者的陰莖裡取出一件植入物做檢驗，還針對如何鑑定這些不明物體發表了一篇短文。也曾有一位婦女拿出一根長度〇・五到〇・七五英吋的細線形物體，是他在被外星人釋回後從鼻孔內取出的。經過元素分析，以及從電子顯微鏡的照片上發現了一個有趣的現象：這個細線形物體是由螺旋狀的纖維所構成，含有碳、矽、氧和一些微量元素，但是沒有氮。再經過碳的同位素分析並未有進一步的發現。專攻核子生物學的專家認為這件「樣品」並非天然的生物體，可能是某種加工後的纖維。但是更深一層的研究似乎已經不太可能了。

不屬於地球的植入物

在另一方面，這些被取出的植入物體內，都不含有稀有元素或是具有奇特的元素組合方式。化工材料專家表示若是對一件不明物體究竟出自何處完全茫然無知的話，那想獲得一份有關這件物體確切的化驗結果幾乎是不可能的。以最樂觀的情況來看，要證明一件物體並不屬於地球或是人類的，恐怕已經困難重重了，而比這更難的就不用談了。

如果這些不明物體真的是外星人刻意植入人的體內，看神通廣大的外星人應該就有辦法把這外來的植入物化為人體內的一部份。不過就算這是真的，那還是得不到什麼新資料。一位被綁架者在事後發現手腕上出現了兩個以前所沒有的小結塊，經由外科醫生取出並經過病理化驗後，並未在其細胞組織發現任何新的線索。

當首度植入物真正被人類「發現」時，在UFO研究圈子內所引起的震撼力是可想而知的，因為終於能夠從外星人的國界中取出一件有利的具體證物，對那些向來視UFO綁架事件為無稽之談的人士也是當頭棒喝。

外星人綁架事件之所以是個很好的研究題材就在於我們能夠有機會去檢討西方唯物論以擴充人類的視野。對於宇宙間這麼微妙的事物，如果還是不免落入傳統的「眼見為信」窠臼，那無論從知識論或是方法論的觀點來說，人類都還是停留在極低的知覺層次。

國家圖書館出版品預行編目（CIP）資料

地圖上消失的51區：美國機密與外星人真相大解碼 / 江晃榮著. -- 初版. -- 新北市：方舟文化出版：遠足文化發行, 2016.07
面；　公分. --（生活方舟；18）
ISBN 978-986-92689-4-3（平裝）
1.外星人 2.不明飛行體 3.奇聞異象
326.96　　105005390

地圖上消失的51區

美國機密與外星人真相大解碼

作者　江晃榮
照片提供　江晃榮
封面設計　龔貞亦
內文排版　藍天圖物宣字社
文字協力　丁瑞愉
特約主編　陳毓葳
總編輯　林淑雯
社長　郭重興
發行人兼出版總監　曾大福
出版者　方舟文化出版
發行　遠足文化事業股份有限公司
231 台北縣新店市民權路108-3號9樓
電話(02)2218-1417　傳真(02)2218-8057
劃撥帳號19504465　戶名 遠足文化事業有限公司
客服專線　0800-221-029
E-MAIL　service@bookrep.com.tw
網站　http://www.bookrep.com.tw/newsino/index.asp
印製　成陽印刷股份有限公司 電話：(02)2265-1491
法律顧問　華洋法律事務所 蘇文生律師
定價　280元
初版一刷　2016年7月
初版二刷　2016年9月